MITTEILUNGEN

der

Geographischen Gesellschaft in Hamburg

Bd. XXXII

Im Auftrage des Vorstandes herausgegeben

von

Dr. Arved Schultz.

Mit 1 Originalkarte und 13 Abbildungen auf 8 Tafeln
und 18 Textfiguren.

HAMBURG

L. Friederichsen & Co.

1919

Druck von J. J. Augustin in Glückstadt und Hamburg.

Vorwort.

Der vorliegende XXXII. Band der „Mitteilungen" mußte sich notgedrungen den Umständen der Zeit fügen und in kleinerem Umfange erscheinen. Im Interesse der Fachaufsätze war es, wie z. B. schon in Band XXX, geboten, auf die Beigabe der in diesem Jahr allerdings nur wenigen Sitzungsberichte, ebenso der Kassenabrechnung und des Mitgliederverzeichnisses zu verzichten. Ihre Veröffentlichung soll im nächsten Bande der „Mitteilungen" stattfinden. Auch wird dann über die neu eingeführten Fachsitzungen der Gesellschaft berichtet werden.

Von den drei Aufsätzen des vorliegenden Bandes steht an erster Stelle der methodisch-landschaftskundliche von Professor Passarge-Hamburg „Die Steppen-Flußtalung des Okawango im Trockenwald-Sandfeld der Nordkalahari". Eine Arbeit, der im Hinblick auf die demnächst erscheinenden umfangreichen Handbücher des gleichen Verfassers über moderne landschaftskundliche Forschung und Darstellung als ein in einem größeren Gebiet angewandtes Beispiel ein besonderer Wert zukommt und die als vielversprechender Vorläufer genannter Werke angesehen werden kann.

Mehr kompilatorisch gehalten ist die zweite Veröffentlichung der „Mitteilungen", die Arbeit von Dr. Lütgens-Hamburg über Nordwest-Haïti. Sie bringt neben vielen wirtschaftsgeographischen Angaben zum ersten Mal eine zusammenfassende geologische Darstellung des Gebietes, in der besonders die Entdeckung jüngerer vulkanischer Erscheinungen von größter Bedeutung ist.

Endlich war es noch gelungen, eine Arbeit von Dr. Brandt-Belzig, der den Lesern der „Mitteilungen" auch kein Fremder mehr ist und der sich in den Kriegsjahren durch zahlreiche treffende Veröffentlichungen über die von ihm besuchten Kriegsschauplätze verdient gemacht hat, über „Die Landschaft der Bucht von Santos" aufzunehmen. Es ist eine moderne Landschaftskunde, die ein kleineres Gebiet umfaßt und in der einer frischen, anschaulichen Schilderung des Landschaftsbildes die erste Stellung eingeräumt wird.

Hamburg, den 1. Sept. 1919. **Arved Schultz.**

Seminar f. Geographie
d. Universität.

Inhalt.

Seite

Passarge, S., Prof. Dr.: Die Steppenflußtalung des Okawango im Trockenwald-Sandfeld der Nordkalahari. Ein Beispiel landschaftskundlicher Forschung und Darstellung. Mit 6 Textfiguren 1

Lütgens, R., Dr.: Geographische und geologische Beobachtungen in Nordwest-Haïti. Mit 1 Originalkarte, 3 Ansichtstafeln und 10 Textfiguren 41

Brandt, B., Dr.: Die Landschaft an der Bucht von Santos. Mit 4 Ansichtstafeln und 2 Textfiguren 91

Tafeln.

Tafel 1—3: Ansichten von Nordwest-Haïti.

„ 4: Topographische und geologische Karte der äußeren Nordwest-Halbinsel von Haïti.

„ 5—8: Ansichten von der Landschaft an der Bucht von Santos.

Die Steppen-Flußtalung des Okawango im Trockenwald-Sandfeld der Nordkalahari.

Ein Beispiel landschaftskundlicher Forschung und Darstellung

von

Prof. Dr. **Siegfried Passarge,** Hamburg.

Mit 6 Figuren im Text.

Die Gliederung der Okawangolandschaft.

Der Lauf des Okawango im Verlauf der Grenze von Südwest afrika gegen Angola und Betschuanaland ist von Franz Seiner genauer aufgenommen worden und seine im Jahr 1913 in den „Mitteilungen aus den Deutschen Schutzgebieten" erschienenen Karten weisen belangreiche Verhältnisse auf. Da Unterzeichneter einen Teil des Okawangolaufes persönlich aufgenommen hat, so ist er vielleicht besser als andere in der Lage, aus den Aufnahmen Seiner's, seinen Querschnitten und Aufzeichnungen, ein landschaftskundliches Bild zu entwerfen und allgemeine Folgerungen zu ziehen. Es muß auf die Karten Seiners hingewiesen werden, die durch die diesem Aufsatz beigefügten Kärtchen und Querschnitte ergänzt werden sollen.

Der Okawango hat sichin das 1000—1200 m hohe, wellige Sandfeld der nördlichen Kalahari eingeschnitten. Der Sand ist rötlich bis gelbbraun, unten mehr weißer Flußsand, und bildet lange Wellen. Die Pflanzendecke ist hoher Trockenwald ohne oder mit nur lichtem Unterholz. In den Senken herrscht Grasland vor, oft im Verlauf grasiger Flußbetten.

Demnach könnte man die Nordkalahari ein mittelhohes welliges Trockenwald-Sandfeld mit grasigen Flußbetten und Niederungen nennen.

Die Unterlage dieses Sandfeldes bilden nun von oben nach unten folgende 3 Ablagerungen:

1. Kalksandstein und Salzmergel = Kalaharikalk.
2. Chalzedonsandstein, hart und glänzend = Botleleschichten.
3. Grauwacken, Grauwackensandsteine, auch Diabase = Chanseschichten.

   Dazu kommen an einer Stelle graue Kalksteine, die Seiner für Ngamischichten hält.

Chanse- und Ngamischichten bilden das Grundgestein, das eine gefaltete oder mindestens aus Schollen bestehende Rumpffläche besitzt. Die anderen Schichten liegen als dünne Decke darüber, die anscheinend lückenhaft, nicht geschlossen ist.

In diese Schichten hat sich nun das Okawangobett eingeschnitten, und zwar kann man, soweit die Seiner'schen Aufnahmen reichen, vier Abschnitte unterscheiden:

I. Das Tal ist nur 1—2 km breit und hauptsächlich in Chalzedonsandstein eingeschnitten.

II. Das Tal wird 2—6 km breit, und ist z. T. mit Schilfsümpfen und Inseln erfüllt.

III. Das Tal ist in eine Schwelle des Grundgesteins eingeschnitten.

IV. Das Tal wird breit wie in Abschnitt II.

Abschnitt I. (Fig. 1 u. 2.)

Das Tal setzt sich aus folgenden Bestandteilen zusammen:

Die Trockenwald-Sandtafel bildet die Talhänge, und diese erreichen Höhen von 20—60 m. Ihr Abstand — und damit die Talbreite — wechselt zwischen einigen hundert Metern und zwei Kilometern. Wodurch die Engen bedingt sind, geht aus Seiner's Darstellung nicht hervor; da sich aber in den Engen stets Schnellen finden und felsiges Ufer mehrfach auf der Karte verzeichnet wird, so kann man annehmen, daß an solchen Stellen das Tal in Chalzedonsandstein eingeschnitten ist.

Oberhalb der Schnellen findet sich regelmäßig eine Talweite, in der die Kalaharisandtafel zurückweicht und einem breiten Talboden Platz macht. Auf diesem Talboden entwickeln sich nun mancherlei Bestandteile von recht bezeichnenden Formen und recht bezeichnender Anordnung. Am besten beginnt man am Nordrande der Seiner'schen Karte und verfolgt dann die Entwicklung talabwärts.

Wo der Okawango Südwestafrika erreicht, besitzt er ein felsiges Flußbett — Chalzedonsandstein — örtlich mit Schnellen und Riffen. Bei Hochwasser tritt er aus und überschwemmt eine einige hundert Meter breite Talsohle. Infolgedessen hat er an den Ufern Wälle aus weißem Sand aufgeschüttet und in dem Überschwemmungsgebiet außerhalb dieser Wälle grauen, humosen, sandigen Schlamm abgesetzt. Unter diesen Absätzen liegt — ob stets? — sandiger Kalktuff. Es ist zweifelhaft, ob es sich um einen örtlichen Absatz innerhalb des in Chalzedonsandstein eingeschnittenen Tales oder um den ausgedehnten, d. h. weit über das Okawangotal übergreifenden Kalaharikalk[1]) handelt.

Die Wasserführung ist demnach folgende. Bei Niedrigwasser ist das Flußbett allein gefüllt, bei Hochwasser tritt es über die Sandwälle und durch Lücken in diesen aus und überflutet den Talboden. Es handelt sich also ausgesprochen um ein Dammsohlental mit Uferwällen und Flutsohle.

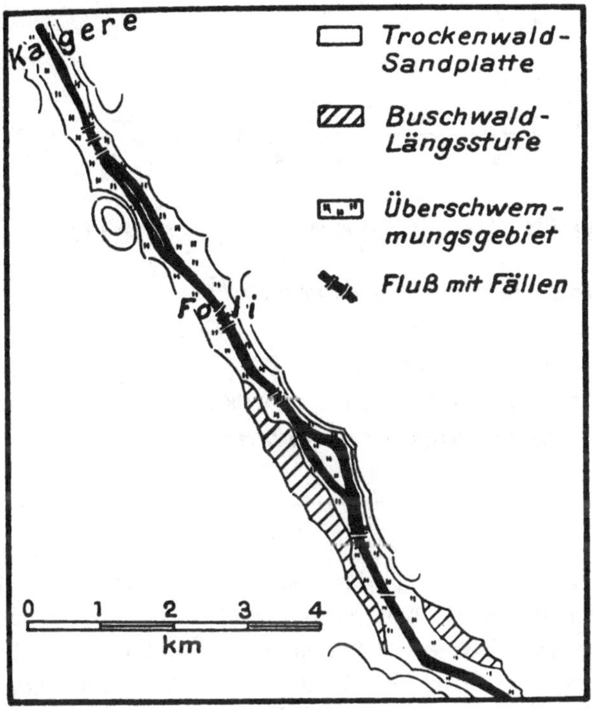

Fig. 1

Die Pflanzendecke richtet sich nach den Oberflächenformen, Im Tal sind die Uferwälle, die ja aus weißem Flußsand bestehen, mit dichtem Grundwasserwald aus hohen Bäumen und dichtem Unterholz bestanden; denn sie werden nur zeitweilig überschwemmt und stehen doch auf dauernd feuchtem Boden. Dagegen nehmen Grasflur — und zwar Hochgrasflur — und Schilfsumpf die zeitweilig überschwemmte und lange Zeit mit stehendem Wasser bedeckte

---

[1]) Querschnitt 1 (Fig. 2) hält sich an das Profil von Seiner. Der „kalkstaubreiche Sand" ist also als Schwemmland gezeichnet, eingefaßt von Chalzedonsandstein.

Flutsohle ein. Auf Felsen und Klippen im Flußbett selbst haben Gebüsch und Bäume häufig einen Platz gefunden, wo sie trotz Hochwasser und Wogenschwall mit ihren Wurzeln Halt finden.

Als Beispiel der Talbildung mit felsigem Bett, Buschwald-Uferwällen, Grasfluren und Schilfsumpf-Überschwemmungssohle ist der Lauf zwischen Kagere und Foli neben dem Seiner'schen Querschnitt von Kagere hier beigefügt. (Fig. 1 u. 2.)

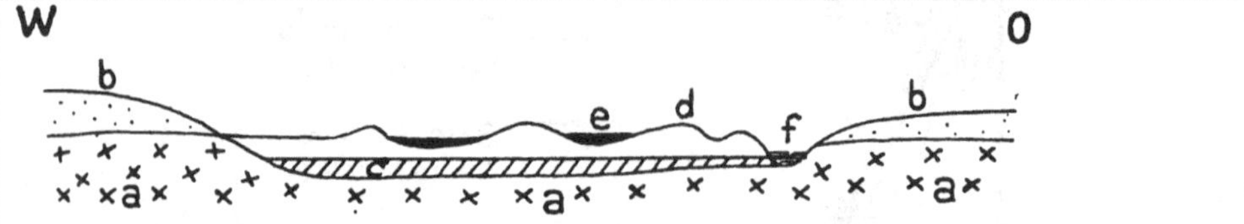

Querschnitt bei **Kagere**. Abschnitt 1.

a *Chalcedonsandstein (Untergrund)*
b *Trockenwald - Sandplatte*
c *Kalkstaubreiches Alluvium*
d *Buschwald - Sandinseln und Uferwälle* } *Überschwemmungsland*
e *Grasflur - Überschwemmungsland*
f *Flußbett*

Fig. 2.

Die weitere Ausbildung des Tales ist nun folgende. Der felsige Untergrund ist im Großen zwar eine Ebene, im Kleinen aber unregelmäßig gestaltet mit Wällen und Mulden, Kesseln, Becken, Bodenschwellen. Beim Einschneiden — und der Okawango befindet sich in dem Zustand der Lotfurchung (Vertikalerosion) — leisten nun solche Wälle und Rücken aus Chalzedonsandstein großen Widerstand. Demgemäß entwickelt sich im Bereich des Riegels eine Talenge, vor dieser aber durch Stauung und Seitenfurchung (Lateralerosion) eine Talweite. In einer solchen Talweite neigt aber der Fluß infolge der Hochwasserstauung zu einer Auffüllung seines Bettes, zum Durchbrechen der Uferwälle und zur Entwicklung von Hochwasser-Nebenarmen. Da das Wasser aus der Uferwallücke herausschießt, unter Druck herausgepreßt wird, so durchfurcht es die Schlamm- und Sandflächen des Überschwemmungsgebiets, und demgemäß kommt es zu der Entwicklung von eingeschnittenen Hochwasser-Nebenbetten in einer grasigen Flutsohle.

Es kommt ganz auf den Grad der Stauung an, ob die Talweite, —also Nebenbetten und Flutsohle dauernd — oder nur während des Hochwassers Wasser führen. In jedem Fall werden auch die zeitweilig geschwellten und übertretenden Hochwasserbetten genau so wie das Hauptbett Sandwälle aufbauen.

Bei Betrachtung der Seiner'schen Karte erkennt man, daß die Hochwasser-Nebenbetten z. T. einfache Ausläufer sind, die sich im Sumpf und in der Grasflur verlieren; z. T. aber verzweigen sie sich und kehren selbst zum Hauptbett zurück. Demgemäß durchzieht auch ein mehr oder weniger verwickelt gestaltetes Netzwerk von Sandwällen dieGrasfluren und Schilfsümpfe der Flutsohle. Diese Wälle und die aus ihnen infolge der immer neuen Durchbrüche entstehenden Inseln sind mit dichtem, hohen Grundwasserwald von der Form eines Buschwaldes — Seiner's Niederungswald — bestanden. Von dem hohen Ufer des Kalaharisandes aus gesehen erscheint demnach eine solche Talweite als frischgrüner Schilfsumpf oder als gelbgrüne Grasflur mit sich schlängelnden Wasserläufen und einem Gewirr von Waldinseln und -streifen.

Auf der Flutsohle, also in den Schilfsümpfen und auf der grasigen Überschwemmungsebene, lagern sich Absätze ab, nämlich Sande und humoser Schlamm, in ruhigen Becken auch wohl Seekreide und Kalksand. Nun vollziehen sich aber in der Regel oft genug Änderungen. Einmal sägt sich der Fluß immer tiefer ein, sodann aber sind die Chalzedonsandsteine nicht einheitlich, sondern unregelmäßig eingekieselt; im Kleinen sind sie löcherig und nesterweise, im Großen aber in klotzigen Bänken und Stöcken eingekieselt. Demgemäß kann ein Riegel, der lange Zeit stauend gewirkt hat, überraschend schnell beseitigt oder in Felsblöcke aufgelöst werden. Dann erfolgt auch ein schnelles Einschneiden der Flußarme. Sie graben sich in die eigenen Aufschüttungen ein, und diese werden in Längsstufen und hohe Inseln umgewandelt. Infolge des Einschneidens der Betten hört aber allmählich die Überflutung auf, und gleichzeitig wächst bei Hochwasser die Seitenfurchung des eingeengten Stromes. Die Arme verbreitern sich, die Inseln schwinden, die Längsstufen weichen zurück, und es entsteht unter Zusammenfließen der Arme ein einheitliches Bett, mit grasiger Flutsohle und Schilfsümpfen.

Infolge der Tieferlegung des Grundwassers und des Aufhörens der Überschwemmungen verwandelt sich die Pflanzendecke des eheehemaligen Überschwemmungsgebiets und der Sandwallinseln. An die Stelle des hohen, dichten Grundwasserwaldes der Inseln und

Uferränder und an die Stelle der Grasfluren des Überschwemmungsgebiets treten Dornbuschwald und Dornbuschsteppe. Dornbuschsteppe bedeckt oft die trockengelegten Längsstufen im Bereich des ehemaligen Graslandes; Dornbuschwald (= Vlejbuschwald der Niederungen der Mittel-Kalahari) aber erfüllt die Senken des ehemaligen Sumpflandes und die ehemaligen Hochwasserarme. Na-

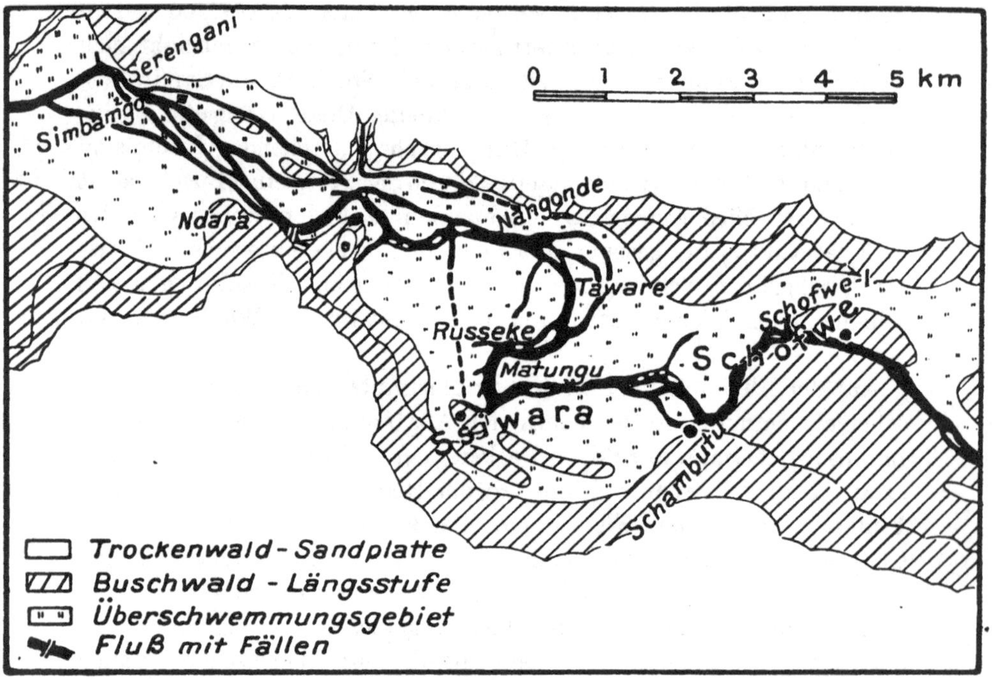

Fig. 3.

turgemäß können solche Hochwasserarme innerhalb einer Dornbuschsteppen-Längsstufe bei Hochflut noch lange Zeit hindurch mit Wasser gefüllt werden und sind dann mit Grasflur oder Sümpfen — nicht mit Dornbuschwald — erfüllt. Fig. 3 zeigt das Eindringen solcher Hochwasserbetten in die Längsstufe in der Landschaft Ssawara. In dieser Landschaft hat bereits der zweite Abschnitt begonnen.

Abschnitt II. (Fig. 3 u. 4).

Eine nicht unerhebliche Umwandlung erfährt die Ausgestaltung des Tales da, wo der Kalaharikalk unter dem Kalaharisand die Ufer bildet. Da er viel weniger Widerstand leistet, so wird das Tal oberhalb von Talengen viel breiter als im Bereich des Chalzedonsandsteins. Bis zu 6 km werden erreicht. Die Talengen aber werden durch Chalzedonsandsteinrücken bedingt. Erfolgt nach Tieferlegung des Flußbettes im Bereich des Chalzedonsandsteinriegels ein Einschneiden der Flußarme in der Talweite, so können sich diese in den Kalaharikalksandstein eingraben und dann bestehen die Inseln und Längsstufen nicht nur aus Schwemmland, sondern auch aus Kalksandstein. Durch Seitenfurchung werden auch diese Inseln entfernt und so ein breites Flutsohlental, das von Kalkwänden eingefaßt wird, gegeschaffen. Fig. 3 zeigt einen so entstandenen Talabschnitt.

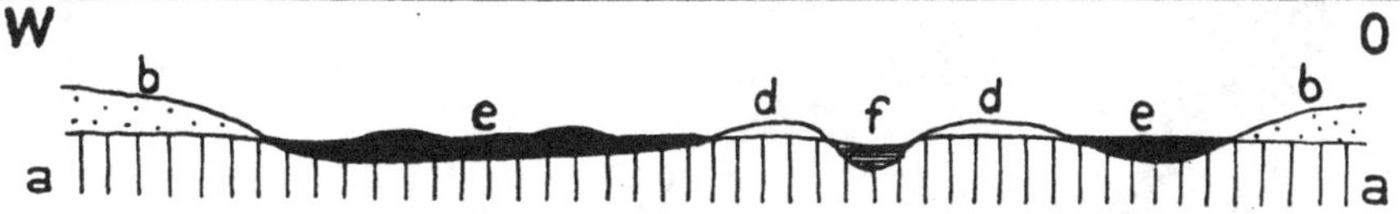

Querschnitt bei **Sambio**. Abschnitt 2.

a *Kalaharikalk (Untergrund)*
b *Trockenwald-Sandtafel*
d *Buschwald-Sandinseln und Uferwälle*
e *Überschwemmungsgrasflur mit Salzausblühungen*
f *Flußbett*

Fig. 4.

Erfolgt in einer in Kalksandstein eingesenkten Talweite infolge von Stauung des Hochwassers Absatz von Schwemmland, und schneidet sich dann der Fluß mit seinen Armen ein, so kann eine doppelte Längsstufe entstehen, eine niedere aus Schwemmland und eine höhere aus Kalk, der seinerseits noch mit älterem Schwemmland bedeckt sein kann. Auch dafür gibt es Beispiele auf Seiner's Karte.

Auf der Kalksandstein- und Kalkmergel-Längsstufe entwickelt sich, geradeso wie auf den Schwemmlandstufen, ein Steppenbuschwald, der meist aus Dornbusch und Laubbusch gemischt ist.

Oberhalb der Talenge in der Gemarkung Sirene (21° ö. L.) hat Seiner auf seine Karte die Bemerkung gesetzt: Überschwemmungsland mit Trockenwaldinseln. Ob es sich um Reste der Kalaharisandtafel oder um Inseln aus älterem Schwemmland handelt, ist nicht bekannt.

An einigen Stellen werden im Bereich der heutigen Schnellen Schotterlager aus kieseligem Sandstein, Gangquarzen, Chalzedon erwähnt. Es ist nicht bekannt, welches Alter und welche Lagerung sie besitzen.

Abschnitt III. (Fig. 5 u. 6.)

In der Grauwackenschwelle ist das Tal breit, wie in dem Kalksandsteingebiet, allein der Bau ist doch wesentlich anders. Es neigen

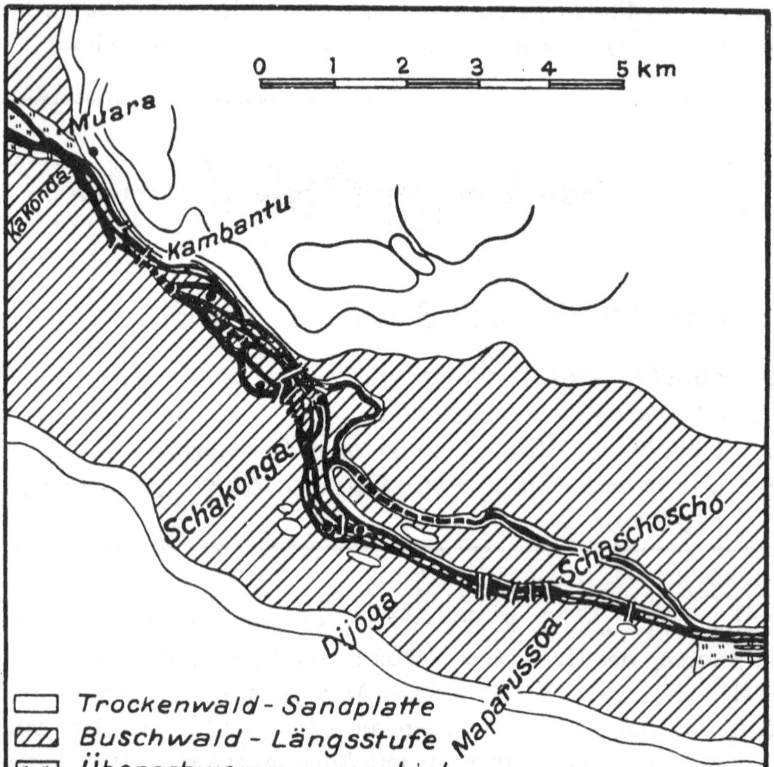

Fig. 5.

die zerklüfteten Grauwackendämme dazu, in Klippen zu zerfallen; infolgedessen wird das Flußbett von Klippen erfüllt und in einzelne Kanäle mit Fällen und Schnellen aufgelöst. Sodann treten im Bereich der Felsbetten die sich abzweigenden, in das Überschwemmungsgebiet eindringenden Hochwasserbetten zurück. Waldfelsinseln und Uferwaldstreifen sind dafür bezeichnende Gebilde. Ein

Überschwemmungsgebiet fehlt oder ist schmal, da der Strom von einem genügend hohen Felsufer eingefaßt wird. Da nun der Strom in Arme geteilt ist, die z. T. große Inseln umschließen, so ist sein Bau und sein Grundriß sehr eigenartig und verwickelt.

Statt eines Überschwemmungsgebietes sind breite Längsstufen entwickelt, und zwar bestehen diese aus einer Schwemmlandebene, aus der Wälle und Klippen von Grauwacke aufragen. Auch Reste der ehemaligen Überlagerung mit Chalzedonsandstein, ferner

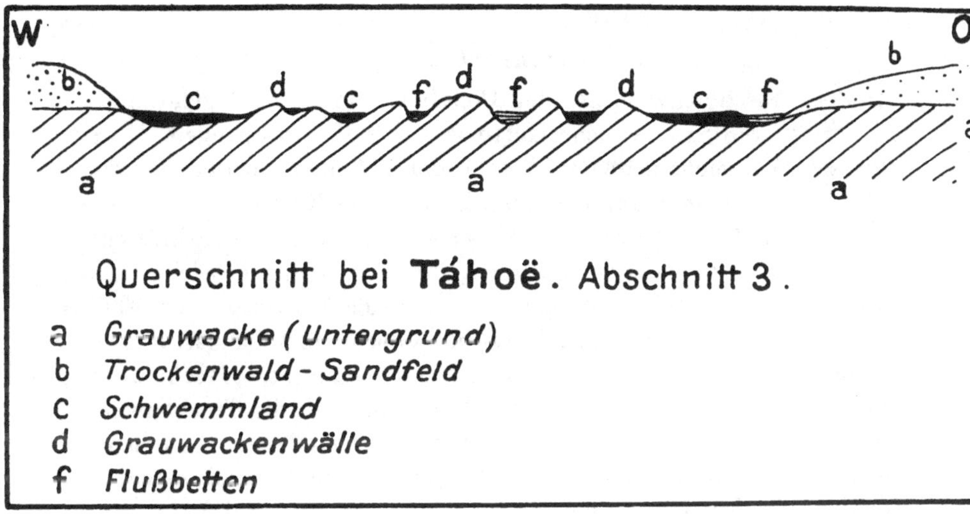

Fig. 6.

örtlich Schotter und Kalktuffe, wohl jüngere Ablagerungen, kommen vor. Die zwischen den felsigen Flußarmen befindlichen Inseln sind auch nichts anderes als die Reste des Talbodens, in den sich die Flußarme eingeschnitten haben.

Die Flußarme haben also auf der Oberfläche der Chanseschichten die Deckschichten (Kalksandsteine und Chalzedonsandstein) bis auf Reste entfernt. Da, wie man in anderen Gegenden feststellen kann, die Grauwacken unter den Deckschichten eine recht unruhige Oberfläche besitzen, in denen z. B. Wälle aufragen, Mulden und geschlossene Kessel eingesenkt sind, so ist es zu erklären, daß auf den Längsstufen des Grauwackenabschnittes Wälle und Klippen bis 15 m hoch aufragen. Auch an geschlossenen Felskesseln fehlt es nicht. Muapo und Mbambi sind in den Fels eingesenkte, vom Hochwasser gefüllte Becken. Muapo ist 150 : 25 m groß.

In dem Übergangsgebiet zwischen den Abschnitten II und III gehen auch beide Talformen ineinander über. Zwischen den — wahrscheinlich mit Schwemmland bedeckten — Längsstufen und dem an Felsen reichen Fluß sind Überschwemmungsflächen entwickelt, nämlich Grasflächen und Schilfsumpf mit bewaldeten Inseln, die z. T. Ufersandwälle, z. T. Reste der Längsstufe sind.

Auf den Längsstufen und breiten Inseln wächst „Niederungswald", wie Seiner ihn nennt, d. h. lichter bis dichter Buschwald, der oft aus Akazien und anderen Dornbäumen besteht.

Abschnitt IV.

In dem Abschnitt zwischen den Popafällen und dem Tauchesumpfland bringt die Seiner'sche Karte wichtige Verbesserungen. Dort geht der Fluß nicht sofort in das Sumpfland über, sondern es tritt noch einmal, bedingt durch grauen kristallinen Kalkstein, eine Einengung bis auf wenige hundert Meter ein und vor dieser Enge entwickelt sich eine Talweite mit allen für eine solche bezeichnenden Erscheinungen, nämlich mit gewundenen, sich verzweigenden Flußarmen, mit Schilfsumpf, mit Wald-Sandinseln, mit Längsstufen an den Seiten und mit Inseln zwischen Armen des Flusses. Hochwasserarme dringen in das Sandfeld ein, und zwar in die Trockenwald-Sandtafel, vielleicht unter Benutzung vorhandener Grausand-Mulden. In den Unterlauf der Flußbetten dringt das Wasser bei Hochflut ein Stück weit ein.

Nebenflüsse.

Bisher war von Nebenflüssen des Okawango nicht die Rede. Infolge der Durchlässigkeit des Sandbodens fehlt es ganz an kurzen Wasserrissen mit Schuttkegeln, die den Fluß und seine Talbildung beeinflussen könnten. Dagegen münden mehrere größere Trockenbetten ein. Allein wohl nur die aus nördlicher Richtung kommenden Ströme führen in der Regenzeit nennenswerte Wassermengen dem Hauptflusse zu — im Gegenteil, ihre Mündungen werden jetzt bei Hochwasser von dem Hauptfluß gefüllt. Nur einen einzigen Zufluß mit dauerndem Wasser gibt es, den Kwito, und dessen Einwirkung auf die Talbildung geht aus Seiner's Karte deutlich hervor. In ein ganzes Netz von Flußarmen scheint er sich innerhalb des Haupttals aufzulösen und wohl nicht ohne Gund prallt gerade gegenüber der Kwitomündung der Okawango gegen das Südufer, als hätte ihn jener zurückgedrängt. Man sieht so recht, welche Bedeutung das Fehlen zahlreicher Nebenflüsse für die ungestörte Entwicklung des Haupttals hat.

Zusammenfassung.

Fassen wir die Ergebnisse kurz zusammen:

Der Okawango ist ein deutliches Beispiel für die Entwicklung eines tropischen Steppenflusses mit Hochwasser in sandigen Deckschichten über einer Rumpffläche. Bezeichnend ist die Ausbildung von Hochwasserarmen, von Uferwällen und Überschwemmungsflächen, von Schnellen und Fällen im Sumpfland sowohl wie in Talengen, von der Ausbildung breiter Talweiten oberhalb von Talengen und damit die Entwicklung von Längsstufen, Inseln, breitem Schwemmlande und Sumpfflächen. Flußtalungen — entsprechend dem Begriff Talung für sehr große Täler — könnte man solche breit sich entwickelnden Flüsse nennen.

Auf der Grauwackenschwelle aber entwickelt sich heutzutage vor unseren Augen ein aufgesetztes — epigenetisches — Tal, desgleichen auf der Kalksteinschwelle oberhalb der Enge in der Landschaft Muhembo. Nach Tausenden von Jahren, wenn die Grauwackenschwelle als Bergzug herausgearbeitet worden ist, wird der Okawango gegen ihn anlaufen und ihn unbegreiflicherweise durchbrechen, wie so mancher Fluß heutzutage ein sich ihm entgegenstellendes Gebirge durchstößt.

Landschaftskundliche Darstellung.

Das Okawangotal ist eine Landschaft für sich und eignet sich, als Muster landschaftskundlicher Darstellung und Forschung angeführt zu werden. Zunächst sei auf einige allgemeine Gesichtspunkte hingewiesen.

Eine natürliche Landschaft ist ein Gebiet, das möglichst nach Klima, Pflanzendecke, Oberflächengestaltung, Bewässerung, geologischem Bau und Boden eine Einheit darstellt. Im allgemeinen fallen nicht alle genannten Erscheinungen zusammen, doch müssen einige zu einer Einheit zusammentreten, damit eine Landschaft entsteht.

Das Okawangotal bildet zusammen mit dem Sandfelde der Nordkalahari klimatisch und in großen Zügen auch hinsichtlich der Oberfläche (Flachland) und Pflanzendecke (tropisches Trockenwaldgebiet) eine Einheit, die unter den Begriff „Landschaftsgebiet" d. h. einer Vereinigung von Landschaften fällt, die nach bestimmten Erscheinungen eine Einheit bilden. In diesem Fall gehört das Landschaftsgebiet den „Steppen-Flachländern" an.

In unserem Landschaftsgebiet stehen sich zwei Landschaften einander gegenüber: das Trockenwald-Sandfeld der Nordkalahari und die Talung des Okawango. Beide unterscheiden sich durch die Bewässerung, den geologischen Bau und den Boden sowie die feinere Oberflächengestaltung. Selbst die Formen der Pflanzendecke weichen im einzelnen in beiden Gebieten von einander ab.

Die natürliche Landschaft des Okawangotals ist nun aber nicht aus einem einheitlichen Guß gemacht. Sie zerfällt nach Oberflächenform und Aufbau, nach Bewässerung, Boden und Pflanzendecke in Unterabteilungen, und diese seien Teillandschaften genannt. Eine Teillandschaft muß eine genügende Größe und eine bestimmte Zusammensetzung aus eigenen, in-sich einheitlichen Landschaftsteilen besitzen. Kleine Landschaftsteile könnte man auch treffend „Bausteine" der Landschaft nennen.

Die Namengebung der Landschaftsteile macht einige Schwierigkeiten. Man muß, will man das Wesen eines Landschaftsteils klar ausdrücken, mit dem Namen seine Zusammensetzung wiedergeben. Demgemäß wird man gezwungen, zusammengesetzte Namen zu bilden. Diese werden manchmal vielleicht etwas schwerfällig klingen; allein sie sind notwendig, wenn man die Landschaft kurz und treffend schildern will. Die Chemie gebraucht Namen, die noch viel, viel schlimmer sind. Aber sie sind notwendig und deshalb haben sie Eingang gefunden.

Der Unterschied zwischen Landschaften, Teillandschaften und Landschaftsteilen ist nicht nach festen Regeln zu bestimmen. Die persönliche Auffassung wird niemals ausgeschaltet werden können. Feststehend sind nur die Landschaftsteile. kleinere nach Oberflächenform und Bau, Boden, Bewässerung oder Pflanzenwelt einheitliche Gebilde. Wie man sie zu größeren Landschaftsteilen, oder Teillandschaften oder Landschaften zusammenfaßt, ist Sache des Geschicks und persönlicher Auffassung.

Formbestandteile einer Landschaft sind unselbständige Teile eines Landschaftsteils, die Sumpfwaldsohle eines Steppentals, der Hochwald-Uferwall eines Dammflusses usw.

Am zweckmäßigsten wird man sich an einem Beispiel die Verhältnisse klar machen.

Wir wollen zunächst die Landschaftsteile der Okawangotalung kennen lernen.

Folgende Landschaftsteile lassen sich unterscheiden:

1. Die Ränder der Trockenwald-Sandtafel.
2. Die Buschwald-Längsstufen.
3. Die Überschwemmungs-Talsole.
4. Die Flußläufe.

1. Die Ränder der Trockenwald-Sandtafel.

Die Nordkalahari ist ein tropisches Trockenwald-Flachland von mittlerer Meereshöhe (unter 1500 m) aus licht-rotbraunem Sand, der in der Tiefe weiß wird. Der Trockenwald hat kein oder nur lichtes Unterholz und in der Trockenzeit wenig Gras.

Die Ränder dieses Sandfeldes gehören beiden Landschaften an; denn sie zeigen Formen des Sandfeldes und des Okawangotals. Sie sind ein Landschaftsteil mit folgenden Bestandteilen. Häufig sind — namentlich an Prallstellen des Flusses — steile, am Fluß manchmal felsige Hänge, an anderen Stellen aber flachabfallende oder auch mehr stufenförmige Hänge (Trockenwald - Sandböschungen). Dazu kommt die wellige Ausbildung der Oberfläche, die eine Teilung des Sandfeldes in braunsandige Trockenwaldrücken bezw. -platten und grausandige Grasflur-Mulden bedingt — beides Landschaftsteile des Sandfeldes —. Mulden und Wälle streichen an manchen Stellen am Ufer aus, und dann kann es vorkommen, daß die Hochflut in die Mulden eindringt und diese in Schilfsumpfmulden mit Humus- und Schlammboden verwandelt. Auch wo grasige oder waldige Trockenbetten in das Okawangotal münden, kann es zu einer zeitweiligen Füllung des Unterlaufs durch das Hochwasser und zu der Ausbildung eines Schilfsumpfes kommen. Solche Schilfsumpf-Mündungen sind für das Übergangsgebiet zwischen der Landschaft des Okawangotals und des Sandfeldes bezeichnend.

2. Die Längsstufen.

Je nach dem Aufbau kann man solche aus sandig-schlammigem Schwemmland unterscheiden von solchen aus Grauwacken oder Kalaharikalk, wahrscheinlich auch von solchen aus Chalzedonsandstein mit Schwemmlanddecke. Sie haben eine recht verschiedene Breitenentwicklung von einigen hundert Metern bis einigen Kilometern.

Ob die Platten, die auf Seiner's Karte aus kalkstaubreichem Sand bestehen, und auf denen die Termiten weiße Bauten errichten, Schwemmland oder Kalaharikalk sind, läßt sich zur Zeit nicht entscheiden, nach Vergleichsschlüssen mit anderen Gebieten (Ngami) dürfte Kalaharikalk in der Tiefe liegen.

Der Boden der Längsstufen ist ein grauer Sand, der nach Entfernung der Hauptmasse des ursprünglichen Schilfsumpfbodens, die durch Wind und Fußtritte der Tiere veranlaßt wird, infolge der Vermischung des Restes des Schlammbodens mit dem liegenden weißen Sand entstanden ist. Die Vermischung erfolgt unter dem Einfluß wühlender Tiere.

Die Pflanzendecke ist teils Dornbuschsteppe, d. h. Grasland mit Dornbüschen, oder ein Dornbusch mit mehr oder weniger Gras, teils auch hoher Dornbuschwald mit Graslichtungen oder Laubbuschwald.

Demnach können die Längsstufen landschaftskundlich als grausandige Dornbusch- und Buschwald-Talstufen bezeichnet werden.

Unterabteilungen sind Regenwasserpfannen mit üppigem Buschwaldgürtel, Gras- und Buschwald-Niederungen, d. h. ehemalige Flußbetten, ferner Wälle und Klippen aus Grauwacken, aus der Kalaharisandtafel herauskommende Trockenbetten mit Hochwasser-Schilfsümpfen und schließlich in die Längsstufen eindringende Hochwasserbetten. Diese können Schilfsumpfbetten oder Grasflurbetten mit Schlamm- oder humosem Sandboden sein. Gegen das Überschwemmungsgebiet fallen sie mit steiler oder sanfter Böschung ab.

3. Das Überschwemmungsgebiet.

Ein dritter Landschaftsteil ist das Überschwemmungsgebiet. Alljährlich wird es bei Hochwasser überflutet und erhält damit eine ganz besondere Eigenart. Drei Unterabteilungen kann man in ihm erkennen.

a) Die Überschwemmungsgrasfluren werden von den Regen reichlich bewässert, von der Hochflut — in den Randgebieten vielleicht nicht jedes Jahr — überschwenmt, um dann wieder trocken zu laufen.

b) In diese Ebenen sind nun aber flußbettförmige und beckenförmige Niederungen flach eingesenkt. Sie werden nicht nur von der Hochflut, die im Winter erst die Höhe erreicht, sondern auch von den Sommerregen gefüllt und sind deshalb mit Schilf bestanden.

Vor dem Beginn der Trockenzeit bis zu dem Hochwasser sind sie trocken. Es ist leicht verständlich, daß die Zeit des Trockenliegens von Norden nach Süden wächst und im Quellgebiet des Okawango Null ist.

Diese Unterabteilung der Überschwemmungslandschaft kann man wohl am besten das Gebiet der austrocknenden Schilfsümpfe nennen.

c) Die dritte Unterabteilung der Überschwemmungslandschaft sind die dauernden Schilfsümpfe, meist mit Papyrus und dem gemeinen Schilfrohr bestanden.

Die Unterabteilungen der Überschwemmungslandschaft setzen sich nun aus „Bausteinen" zusammen, die z. T. in allen drei Unterabteilungen zu finden sind; z. T. hat jede ihre eigenen Formen. Allen gemeinsam sind die Buschwald-Sandinseln. Meist langgestreckt oder auch rundlich und unregelmäßig gestaltet, erheben sie sich wie Fremdlinge sowohl aus der Hochgrasflur wie aus dem zeitweiligen und dauernden Sumpfland. Es sind, wie wir schon wissen, z. T. Reste von Uferwällen aus Flußsand, z. T. aber Überreste einer zerschnittenen Längsstufe, an der sich der Kalaharikalk, aber auch Grauwacken und wohl auch Chalzedonsandstein beteiligen können.

Allen drei Unterabteilungen sind ferner die dauernden Flußläufe eigentümlich, die später noch ganz besonders besprochen werden sollen.

Den Grasfluren und den austrocknenden Schilfsümpfen sind mit Wasser gefüllte Kolke und Pfannen eigentümlich, die ein Schilfgürtel umsäumt. Trockene Salz-Sandpfannen, die wohl salzhaltigen Kalk im Untergrund oder als Boden besitzen, sind wohl ausschließlich an den Kalaharikalk geknüpft[1]). Solche Salzteiche, die vermutlich Salzmergelboden besitzen, sind auf der Karte in der Gemarkung Mpalu eingetragen.

Hochwasserbetten durchziehen sowohl Grasfluren als auch die zeitweilig trockenen Schilffluren, und zwar sind es teils Grasflurbetten, teils austrocknende Schilfbetten, teils Schilfsumpfbetten, je nach der Dauer und Regelmäßigkeit der Überflutung durch Regenwasser und Hochflut.

Man ist berechtigt anzunehmen, daß die dauernden Sümpfe ähn-

[1]) Hier sei nebenbei auf das Vorhandensein von Formbestandteilen hingewiesen. Die Schilfgürtelböschung, der Salzsand- oder Salzmergelboden und der dauernde Teich oder Sumpf sind Formbestandteile der Salzsand- bezw. Salzmergelpfannen.

liche Senken und Kolke auf dem Boden enthalten, die man aber ohne Lotungen nicht erkennen kann.

Schließlich sei noch auf die Rundbuchten als Bausteine der Unterabteilungen in dem Überschwemmungsgebiet aufmerksam gemacht. Sie können mit Grasflur, mit zeitweiligem oder ausdauerndem Schilfsumpf erfüllt sein und verdanken wohl älteren Flußschlingen ihre Entstehung, die sich in der Kalaharisandtafel oder in Längsstufen seitlich eingegraben haben. Bezeichnenderweise buchten auch die Längsstufen die Ränder der sie überhöhenden Platten manchmal aus.

4. Die Flußbetten.

Der letzte Landschaftsteil sind die Flußbetten. Auch sie setzen sich aus mancherlei Unterabteilungen zusammen.

Schwemmlandrinnen sind in das Schwemmland eingeschnitten, haben meist abgeflachte Ufer und sind meist von Sandwällen eingefaßt. Die Wälle sind aber oft unterbrochen, namentlich an den Austrittsstellen zeitweiliger Hochflutbetten.

Kalkrinnen werden von steilen Wänden von Kalksandstein oder Salzmergel eingefaßt, über denen Schwemmland und namentlich der Sand der Uferwälle liegen kann.

Als Formbestandteile der Schwemmland- und Kalkrinnen sind Felsklippen — Chalzedonsandstein und Grauwacken — nebst Schotterbänken zu nennen. Stromschnellen und Strudel sind an solchen Stellen häufig. Schmale lange Sandbänke, oft mit Schilf oder Buschwald bestanden, sind häufige Gebilde.

Felsrinnen sind in die Grauwackenschwelle eingeschnitten, reich an Klippen, Schnellen, Fällen und waldigen Inseln. Manchmal ist der Fluß in ein Bündel von Armen aufgelöst.

Schilfsumpfrinnen sind in allen Schilfsümpfen verbreitet und ganz eigenartige Gebilde. Äußerlich werden sie von Schilfwänden eingefaßt, zwischen denen das Wasser bei Hochflut mit oft reißender Strömung dahinfließt, Sie sind aber — mindestens oft — in den Untergrund eingeschnitten und haben trotzdem Uferwälle aus Flußsand aufgebaut. Ja, es könnte sehr wohl die Frage aufgeworfen werden, ob nicht gerade die seitlichen Schilfmauern als Sandfänger bei der Aufschüttung der Uferwälle eine entscheidende Rolle spielen, und ob nicht die bewaldeten Sandwälle und -inseln bereits abgeschlossene und durch Vertiefung der Betten und Senkung des Wasserspiegels kalt gestellte Bildungen — tote Formen — sind. Auch ist es klar, daß bei solchen Verhältnissen — Rinne mit schnell fließendem Wasser — trotz des Sumpfes eine Abtragung des Sumpfbodens durch Seitenfurchung und selbst durch Lotfurchung stattfinden kann. Das Auftreten von Schnellen im Sumpfland spricht deutlich für solche Auffassung.

Die Flußschilfrinnen können durch Sandwälle an Teilungsstellen der Rinnen, durch Sandbänke und namentlich durch schwimmende Pflanzenbarren und Treibholz so verstopft werden, daß sie aus dem Lauf schnell fließenden Wassers ausgeschaltet werden. Dann verwandeln sie sich in offene Wasserflächen, die im Schilfsumpf auftreten und allmählich zuwachsen.

Vorzeitformen.

Unter diesem Namen seien alle diejenigen Erscheinungen zusammengefaßt, die heutzutage wegen Umwandlung der Kräfte innerhalb der Landschaft nicht mehr entstehen können. Die Umwandlung bezieht sich meist auf eine Veränderung des Gefälles durch Krustenbewegungen oder in einem Wechsel der klimatischen, abtragenden und aufschüttenden Kräfte. Die Kalahari und namentlich auch ihr Übergangsgebiet zum Tauchesumpfland ist reich an Vorzeitformen, die der Pluvialzeit mit ihren höheren Niederschlägen entstammen. Es entzieht sich jedoch noch der Beurteilung, in welchem Umfang Vorzeitformen in der Okawangotalung auftreten. Sicherlich kommen sie vor. Im Grauwacken-Abschnitt sind wohl Kalktuffe und Schotterlager auf der Buschwald-Längsstufe der rechten Talseite hierher zu rechnen. Auch werden wahrscheinlich in den Überschwemmungsgebieten Anzeichen für Wasserabnahme zu finden sein. Da sich der Fluß aber einschneidet, so sind Vorzeitformen von trockengelegten Talstücken der Jetztzeit — Längsstufen — nicht ohne weiteres zu unterscheiden.

Die Teillandschaften und der Bau einer Landschaft.

Die Landschaft der Okawangotalung besteht aus mehreren Landschaftsteilen; allein nicht überall aus den gleichen; vielmehr können diese oder jene fehlen oder mehr oder weniger entwickelt sein. Dazu kommt, daß die Anordnung der Landschaftsteile zueinander verschieden sein kann. Infolge solcher Abweichungen kann man die Landschaft der Okawangotalung in Teillandschaften von verschiedenem Bau zerlegen.

Theoretisch ist der Bau der Okawangolandschaft einerseits doppelseitig, d. h. symmetrisch und andererseits kettenförmig.

Die Doppelseitigkeit = Symmetrie — ist vollkommen, wenn sich das Flußbett in der Mitte befindet und darauf das Überschwemmungsgebiet, die Längsstufe und der Abhang der Sandtafel folgen. Allein oft genug wird die Doppelseitigkeit gestört, indem der Fluß gegen das Sandfeld drängt.

Die kettenförmige Anordnung der Teillandschaften [1]) wird durch die Aufeinanderfolge von Talengen und Talweiten bedingt. In den Talengen werden die Landschaftsteile auf das Flußbett und die Gehänge der Sandtafel beschränkt; dazu kommen höchstens noch schmale Streifen von Überschwemmungsland.

Im Bereich des Chalzedonsandsteins haben lange Strecken diesen Bau, nur nimmt das Überschwemmungsgebiet einen breiteren Raum ein. Dazu kommen noch Wald-Sandinseln und schmale Steppenwald-Längsstufen, auch wohl Ausbuchtungen = Rundbuchten.

Im Bereich der Kalksandsteine und Salzmergel (Kalaharikalke) und auf der Grauwackenschwelle sind dagegen alle Landschaftsteile mehr oder weniger ausgebildet.

Es würde zu weit führen, auf die einzelnen Teillandschaften, die ja im wesentlichen mit den Talweiten und Talengen zusammenfallen, einzugehen; aber auf die Anordnung der Landschaftsteile innerhalb der Teillandschaften sei noch hingewiesen. Die Anordnung ist derartig, daß die tiefer gelegenen Landschaftsteile und ihre Unterabteilungen mit Buchten und langen schmalen Ausläufern bezw. Vorsprüngen in die höheren eingreifen. So entsendet das Flußbett Hochwasserarme ins Sumpfland und in die Überschwemmungsgrasflur, und selbst in die Längsstufen. Das dauernde Sumpfland schiebt sich mit Ausläufern in das austrocknende Sumpfland ein, und dieses in die Überschwemmungsgrasflur, letztere wiederum in die Längsstufen. Selbst bis in die Trockenwald-Sandtafel gelangen alle genannten Abteilungen des Überschwemmungslandes. Die Anordnung kann man daher als verzahnten Bau beschreiben. Die Ausläufer des einen Landschaftsteils bilden dabei Unterabteilungen in dem anderen Landschaftsteil. So sind Schilfsumpfausläufer kleine Landschaftsteile in dem größeren Landschaftsteil der Überschwemmungsgrasflur usw.

Tierwelt und Mensch in Abhängigkeit von der Landschaft.

Die Wichtigkeit des Aufstellens landschaftskundlicher Begriffe fällt vor allem in die Augen, wenn man der Lebewelt sich zuwendet. Mensch

[1]) In anderen Gegenden schließen sich die Teillandschaften streifenförmig oder ringförmig zu Landschaften zusammen, indem gleichzeitig Vorsprünge und Inseln aus der einen Teillandschaft in die andere dringen und Übergänge entstehen lassen.

und Tier sind abhängig — nicht von dem Wetter, nicht von der Pflanzendecke, nicht von der Bewässerung, nicht von der Oberflächengestaltung, nicht von der Gesteinsbeschaffenheit oder dem Boden für sich allein, — sondern von den landschaftlichen Einheiten = Landschaftsteilen, die sich aus mehreren Erscheinungen zusammensetzen. So ist z. B. die Wirtschaft und das Tierleben in manchen Steppengebieten abhängig von dem Auftreten vom Landschaftsteil der zeitweilig „sumpfigen Schwarzerde-Steppenmulden" und dem Landschaftsteil der „zeitweilig mäßig regenreichen Steppenwald-Roterdewellen mit Granitfelsburgen", die beide beständig miteinander wechseln und damit Feldbau, Viehzucht, Jagd, Sammeltätigkeit und in letzter Hinsicht auch die staatlichen Verhältnisse bedingen. Jene beiden Landschaftsteile sind Ergänzungsformen.

Die Landschaft der Okawangotalung in dem einförmigen Trockenwald-Sandfeld der Nordkalahari bedingt nicht nur als Ganzes einen großen Unterschied in der Entwicklung der Tierwelt und der Kultur des Menschen, sondern für die einzelnen Teillandschaften gilt dasselbe. Landschaftsteile und ihre Unterabteilungen, ja selbst Formbestandteile, sind für das Auftreten bestimmter Tier- oder Kulturerscheinungen oft genug von entscheidender Bedeutung.

Wir wollen zunächst aber noch einige allgemeine Gesichtspunkte, die von Bedeutung für die Tierwelt und den Menschen sind, betrachten.

Landschaft und Jahreszeiten.

Von großer Wichtigkeit ist es, das Aussehen der Landschaft in den verschiedenen Jahreszeiten festzustellen. In manchen Gebieten, so z. B. in den regenreichen tropischen Urwäldern oder auf den unwirtlichen Puna und Paramo der Anden sind die Unterschiede zwischen den Jahreszeiten nicht gar so groß. In anderen Gegenden aber wird das Landschaftsbild ein ganz anderes. Da verwandelt nicht nur das Pflanzenkleid sein Aussehen, es kann ein Land weithin überschwemmt oder unter Schnee begraben werden. Dann verändern sich von Grund aus die Lebensbedingungen.

In der Okawangolandschaft gibt es drei Jahreszeiten. In der Regenzeit, die von November bis April währt, ist die Pflanzendecke in vollem Leben. Das Trockenwald-Sandfeld ist dann nicht arm an Wasser, die Vleybusch-Niederungen enthalten gefüllte Sand- und Schilfpfannen. Dasselbe gilt für die Okawangotalung, für die Buschwald-Längsstufen, für die Pfannen der Schilfflußbetten und die Hochgrasflutsohlen. Der Fluß hat seinen tiefsten Stand oder steigt nur unbedeutend.

Am Ende der Regenzeit beginnt aber das Wasser zu steigen, und wenn im Sandfeld und auf den Längsstufen die Pflanzen austrocknen, und die Pflanzendecke verdorrt, füllen sich Hauptfluß und Nebenarme, bedecken sich Schilfflächen und Hochgrasflur mit Wasser. Ein großer Teil der Flutsohle verschwindet unter der Wasserfläche; nur die Waldinseln — Sandwälle und Längsstufenplatten — ragen auf. Im Mai-Juni ist der Gipfel erreicht. In der dritten Jahreszeit — wo es am heißesten und trockensten ist — versiegt das Flußwasser, und auf dem durchnäßten Boden gedeiht eine eigene Pflanzenwelt.

Wechsel- und Ergänzungsformen.

In Abhängigkeit von den jahreszeitlichen Veränderungen stehen zwei Begriffe, die für die Landschaftskunde m. E. von grundlegender Bedeutung sind, nämlich die Begriffe Wechselformen und Ergänzungsformen.

Wechselformen seien diejenigen Landschaftsteile genannt, die während der verschiedenen Jahreszeiten ein ganz verschiedenes Aussehen haben. Es gibt Wechselgürtel, d. h. die Erde umspannende Gebiete, in denen die Jahreszeiten eine starke Umgestaltung der Landschaft herbeiführen. Weitaus der größte Teil der Erdoberfläche gehört den Wechselgürteln an. Eine Ausnahme bilden vor allem die tropischen Regenwaldländer, die dauernd unwirtlichen Punasteppen und Kältewüsten der Tropengebirge und die regenärmsten Wüsten. Es gibt aber auch ganze Landschaften, die neben dem Klimawechsel grundlegende Umgestaltung erfahren, nämlich durch die Veränderung in de· Bewässerung.

In subpolaren Mooren gefriert im Winter das Wasser; dann werden sie gangbar. Andere Landschaften werden in der einen Jahreszeit völlig unter Wasser gesetzt und trocknen in der anderen aus.

Allein auch im Kleinen können Landschaftsteile solchem Wechsel unterliegen. An Salzseen, Sümpfe, Flüsse mag man denken.

Die Ergänzungsformen hängen nicht mit dem Klima zusammen. sie enthalten einen anderen Begriff. Ergänzungsformen ergänzen sich gegenseitig hinsichtlich der Lebensbedingungen, die sie bieten. Die eine Art der Landschaftsteile, Teillandschaften, Landschaften ist für Viehzucht geeignet, eine andere für Feldbau, eine dritte für Jagd, eine vierte für Holzgewinnung usw. Hier kann man sicher wohnen, hat guten Baugrund und Baustoff, jene Landschaftsteile sichern den Verkehr.

Ergänzungsformen ergänzen sich also, indem sie dem Menschen und den Tieren, die eine diese, die andere jene Hilfsquellen bieten.

Zwischen Wechselformen und Ergänzungsformen bestehen mancherlei Beziehungen. Vor allem können Wechselformen in sich Ergänzungsformen sein, weil sie in der einen Jahreszeit diese, in der anderen jene Bedingungen aufweisen können.

Die Aufstellung der Begriffe Wechselformen und Ergänzungsformen ist für eine klare Darstellung des Wertes einer Landschaft für Tierwelt und Mensch von grundlegender Bedeutung; denn sie sind für die Lebensbedingungen und wirtschaftlichen Möglichkeiten entscheidend.

Alle Landschaften mit ausgeprägtem Klimawechsel wirken bekanntlich auf die Tierwelt in der Weise ein, daß die Lebensbedingungen bald günstig, bald ungünstig sind. Die Tiere helfen sich durch Wanderungen, Winter- oder Trockenzeitschlaf, oder sie hungern sich verlustreich durch. Die Menschen aber werden ebenfalls zu Wanderungen gezwungen oder sie überstehen unter Leid und Qual die böse Zeit — dann bleibt die Volksdichte gering, die Kultur niedrig —, oder sie raffen sich auf und sorgen für die Zukunft; dann folgt ein gewaltiger Fortschritt. Die Landschaften im Wechselgürtel wirken also infolge der Not, infolge des Zwanges, den sie auferlegen, erzieherisch.

Eine noch größere Wirkung üben Wechsellandschaften aus, wenn sie nicht nur den Menschen nötigen, Vorräte für die schlechte Zeit anzulegen, sondern wenn sie zu einem entscheidenden Kampf gegen die Natur des Landes anreizen, sodaß der Mensch das Land bezwingt und es sich unterwirft. Ein solcher Kampf wirkt in höchstem Grade erzieherisch, und zwar erzieht er zu gemeinsamer Arbeit und damit zu fester staatlicher uud wirtschaftlicher Vereinigung, Reichtum und Armut an Wechsel- und Ergänzungsformen ist für den Wert einer Landschaft oft geradezu ausschlaggebend.

An Ergänzungsformen reiche Gebiete bieten dem Menschen auf kleinem Raum alles, dessen er zum Unterhalt und zur kulturellen Entwicklung bedarf. Infolgedessen sind solche Gebiete wirtschaftlich und politisch selbständig. Sie sind für Kleinbetrieb und Kleinstaaterei vorausbestimmt, sie sind auch diejenigen, in denen sich am schärfsten und schnellsten eine Kultur entwickelt; aber ihre Entwicklungsfähigkeit ist beschränkt, und sie werden nach oft hoher Blüte — das alte Griechenland —von Ländern überholt, in denen die Ergänzungsformen auf breiteren Raum hin verteilt sind — Römisches Reich. Die Ergänzungsformen sind dann nicht mehr Landschaftsteile sondern Landschaften und unter noch größeren Verhältnissen Landschaftsgebiete.

So besaß das alte Rom, als es auf Italien beschränkt war, Ergänzungslandschaften, z. B. die Getreidelandschaft Apulien, das Wein- und Gartenland Campanien und die Viehzuchtlandschaften der Gebirge. Dagegen umfaßte das römische Weltreich Ergänzungs-Landschaftsgebiete, wie Steppenlandschaften, Wüstenlandschaften, subtropische Hartlaub-Landschaften, sommergüne Waldlandschaften.

Da nun die wirtschaftlichen und politischen Möglichkeiten einer Landschaft — abgesehen von der Befähigung der Bewohner — von der Beschaffenheit, Zahl, Größe und Anordnung der Landschaftsteile abhängen, so wird es wesentlich die Aufgabe der landschaftskundlichen Forschung sein, diese in möglichst übersichtlicher Weise darzustellen.

Hat man im Verlauf der Beschreibung die Landschaftsteile eingehend ihrer Bedeutung nach gewürdigt, so müßte man das Gefüge der Landschaft, d. h. ihre Zusammensetzung aus Landschaftsteilen und ferner ihre Lage innerhalb der Landschaftsgebiets klarlegen. Eine solche Darstellung sollte anknüpfen an die Begriffe Vorzugs- und Rückzugsgebiete, Angriffs- und Festungsgebiete. Diese können Landschaftsteile, Landschaften und selbst Landschaftsgebiete sein.

Bevorzugte Gebiete oder Vorzugsgebiete enthalten keinen absoluten, sondern nur einen verhältnismäßigen Begriff. Ein Gebiet kann für Feldbau, Viehzucht, Jagd, Fischfang, Bergbau oder für einen Handels-, Verkehrs-, Industrie- und politischen Stützpunkt geeignet sein. Also je nach der Beschäftigung, Neigung und Begabung eines Volkes sind diese oder jene Gebiete bevorzugt. Auch die Gesundheitsverhältnisse spielen eine große Rolle.

Ungünstige Gebiete oder Kümmergebiete sind solche, in denen die Bewohner nicht das finden, was sie brauchen. Krankheiten der Menschen und wertvoller Nutztiere, schlechter, unfruchtbarer Boden, schlechte Weideverhältnisse, Wassermangel und -überfluß, schlechte Verkehrsverhältnisse, Mangel an Rohstoffen u. a. m. können die Ursachen sein dafür, daß ein Gebiet gemieden wird.

Die ungünstigen Gebiete sind Rückzugsgebiete, in denen verdrängte Völker Zuflucht suchten. Sie begnügten sich mit den bescheideneren Lebensbedingungen, um vor Verfolgungen sicher zu sein.

Aber mit dem Begriff „Rückzugsgebiete" ist ein anderer Begriff nahe verwandt, nämlich der der „Festungsgebiete". Diese gewähren nicht nur dem Menschen guten Schutz, sie sind auch genügend reich mit Hilfsmitteln ausgestaltet, um die Bevölkerung zu angestrengter

Arbeit zu erziehen und damit die Grundlagen zu einer politischen Erstarkung und zum Aufblühen der Kultur zu legen. Festungsgebiete werden so der Sitz dichter Bevölkerung und blühender Kultur. Auch liegt in dem Begriff enthalten, daß aus einem solchen Gebiet Angriffe auf die Umgebung gemacht werden können, wie Ausfälle aus einer Festung. Ferner sind Festungsgebiete oft gesund in Gegensatz zu den umliegenden Ländern. Rückzugsgebiete können durch Wald, Sumpf, Flüsse, Seen, Gebirge, Wassermangel bedingt sein.

Angriffsgebiete sind Ausfalltore starker Völker gegen schwächere und fallen auch unter den Begriff „Politische Stützpunkte".

Man wird die Darstellung wichtiger Landschaftsteile und Landschaften, ihres Wesens und ihrer Bedeutung am besten wohl an der Hand des auf Seite 26 befindlichen Musters vornehmen können, das für die Okawangolandschaft ausgefüllt ist.

Wenden wir uns nunmehr wieder der Okawangolandschaft zu! Von Jahreszeiten kommen drei in Frage, die Regenzeit, die kühle Überschwemmungszeit und die heiße Trockenzeit.

Gesundheitlich unterscheiden sich alle drei ganz wesentlich von einander. Während der Regenzeit ist das ganze Gebiet reich an Fieber; verhältnismäßig am günstigsten sind die hohen Trockenwald-Tafelränder, am ungünstigsten das Überschwemmungsgebiet.

Die Zeit der Hochwasser fällt in die kühle und gesündeste Zeit. Dann ist das Sandfeld wohl ziemlich frei von Malaria, dagegen setzen in der heißen Trockenzeit, wenn die Überschwemmungsflächen austrocknen, die Krankheiten aufs neue ein, Malaria und Dysenterie an der Spitze. Auch hier ist wieder das Trockenwald-Sandfeld am günstigsten gestellt.

Für Siedlungen, die festen trockenen Untergrund verlangen, eignen sich am besten der Trockenwald-Sandrand, ferner die Längsstufen und die Waldinseln. Die Hochgrasflutsohle kann nur während der Trockenzeit und nach der Überflutung bewohnt werden.

Als Verkehrsstraße eignet sich hauptsächlich der Fluß, und zwar bei Hochwasser mehr als bei Niedrigwasser, sodann dauernd das Sandfeld, weniger die Längsstufen, weil sie dichter bewachsen und von Hochwasserbetten zerschnitten sind, und weil sie oft nur kurze zusammenhängende Strecken bilden.

Für Feldbau sind verschiedene Gebiete geeignet, nämlich während der Regenzeit das Sandfeld, die Längsstufen, die Hochgrasflur und die größeren Grauwackeninseln, und in der Trockenzeit die austrock-

Wirtschafts-formen	Ergänzungs-formen	Wechselformen		
		Regenzeit	Hochwasser	Trockenzeit
Siedlungen	**Sandfeldränder** Längsstufen Waldinseln Hochgrasflur	Hochgrasflur	—	Hochgrasflur
Verkehr	**Sandfeldtafel** Längsstufen Hochgrasflur **Flut**	(Hochgrasflur)	Flußarme	—
Sammeln	Ueberall	Ueberschwem-mungsgebiet	—	Ueberschwem-mungsgebiet
Jagd	**Sandfeld** Längsstufen Hochgrasflur Schilfsümpfe	Sandfeld	Längsstufen	Ueberschwem-mungsgebiet
Fischfang	Fluß **Schilfsümpfe** **Teiche**	Flußschilf-sümpfe	Ueberschwem-mungsgebiet	Flußschilf-sümpfe
Feldbau	**Hochgrasflur** Grauwacken-inseln Längsstufen Sandfeld	Sandfeld Längsstufen Hochgrasflur	—	Hochgrasflur Ueberschwemmte Flächen der Grauwacken-inseln
Viehzucht	Sandfeld Längsstufen Hochgrasflur	**Sandfeld** Längsstufen Hochgrasflur	Sandfeld **Teile der Hochgras-flur**	**Hochgrasflur**
Pflanzl. Rohstoffe	Schilfsümpfe alle Gehölze (Rohr, Holz)	—	—	—
Tierische Roh-stoffe	Nichts besonde-res	—	—	—
Nutzbare Ge-steine	Schlamm in Hochgrasflur f. Hausbau	—	—	—

	Vorzugsformen	Kümmergebiete	Schutzformen	Festungs-formen	Angriffs-formen	Handels-lage
Politisch wichtige Formen	**Sandfeldränder** Längsstufen Talengen Furten	Waldinseln	**Grau-wacken-inseln** Sand-inseln	—	Grau-wacken-inseln	Tal engen Furten

	Günstig		Ungünstig	
Gesundheitliche Bedingungen	Dauernd	Zeitweilig	Dauernd	Zeit-weilig
	—	**Sandfeld** Längsstufen	Ueberschwem-mungsgebiet	Sandfeld Längs-stufen

nenden Überschwemmungsgebiete — Hochgrasflur- und Hochwasserbetten.

Wechselformen für Feldbau sind demnach das Sandfeld, die Längsstufen, die Hochgrasflur, die Hochwasserbetten; Ergänzungsformen dagegen das Überschwemmungsgebiet gegenüber dem nicht überschwemmten Land.

Viehzucht könnte entsprechend den Weideverhältnissen während der Regenzeit im Sandfeld, auf den Längsstufen und in der Hochgrasflur, dagegen nach der Hochflut im Überschwemmungsgebiet getrieben werden.

Jagdgebiete von besonderer Bedeutung sind während der Regenzeit das Sandfeld und nach der Flut die Schilfflächen und Hochgrasfluten des Überschwemmungsgebiets. Während des Hochwassers dürften die Ränder des Überschwemmungsgebiets und die Längsstufen, weil sie Rückzugsgebiete für die Tierwelt sind, wildreich sein. Nach der Hochflut ist wieder das Überschwemmungsgebiet das eigentliche Jagdgebiet, namentlich die Ränder der Schilfsümpfe und die Stellen, wo aus den liegenden Kalken und Kalkmergeln Salze ausblühen.

Für Fischfang sind die Schilfsumpfränder und die Teiche in den Sümpfen und Grasfluren am ergiebigsten, auch Flußarme zwischen Sandinseln; sodann während der Flut die sich füllenden Kanäle, Hochwasserbetten und Sümpfe.

Als Sammelgebiet spielt während der Regenzeit das Sandfeld, nach der Flut aber das Überschwemmungsgebiet die Hauptrolle.

Holz liefern Sandfeld, Längsstufen und Waldinseln, Rohr zum Bau der Hütten die Schilfsümpfe, Erde zum Hausbau der Schlamm der Hochgrasflur.

Nunmehr wollen wir sehen, wie sich Tierwelt und Mensch in die Landschaft eingefügt haben.

Die Tierwelt.

Hier muß ich mich leider kurz fassen. Denn einmal bin ich nicht Zoologe, sodann aber dürften die Grundlagen für eine landschaftskundliche Tierkunde noch nicht geschaffen sein. Indes treten einige Erscheinungen doch klar hervor.

Daß die Gewässer ihre eigene Tierwelt gegenüber dem Lande haben, ist selbstverständlich, allein auch innerhalb der Wassertiere dürften schilffreie Flußläufe, dauernde Schilfsümpfe, zeitweilige Überschwemmungsgebiete, Wasserpfannen mit und ohne Schilfgürtel manche eigenen Fische, Weichtiere, Wasservögel u. a. m. besitzen.

Flußpferd und Krokodil bevorzugen unzweifelhaft die Flußläufe mit Sandbänken und Schilfinseln, meiden dagegen Felsbetten und ausgedehnte Schilfsümpfe.

Zwischen den Gebieten mit dauerndem und zeitweiligem Sumpf einerseits und den Überschwemmungsgrasfluren, bezw. dem Buschwald und dem Trockenwald andererseits bestehen bestimmte Wechselbeziehungen — Wechselformen! Die ausgesprochenen Sumpftiere und Wassertiere, wie z. B. Sumpfbock, Wasserkudu, Litschwi, das Heer der Wasservögel u. a. m. wandern mit dem Wasser. Sie dringen mit der Hochflut in die Grasflur und selbst in den Trockenwald vor, und ziehen sich mit ihr wieder zurück.

Die Grasflurantilopen — Riedbock, Rooibock, Pala u. a. — bewohnen bei Niedrigwasser die Hochgrasflur und trockene Schilfdickichte, ziehen sich aber vor der Flut auf die Buschwald- und Dornbusch-Stufen zurück. Auf diesen leben dauernd neben anderen Antilopen das Kudu und der Buschbock.

Die Trockenwaldantilopen schließlich fühlen sich nur in dem offenen, lichten Wald wohl, wo sie sich rasch bewegen können. In den Gras-Trockentälern liegen die Weideplätze, an den Regen- und Quellwasser-Sandpfannen die Wasserplätze und an den Pfannen mit Salzmergelboden, sowie da, wo Salz aus dem Boden ausblüht, die Salzlecken. Als bezeichnende Trockenwaldantilopen seien genannt Schimmel- und Pferdeantilope. Übrigens leben in den Grasflurtälern und ihren Schilfsümpfen auch die Antilopen der Überschwemmungsgrasflur des Okawangotals, wo sie ja ähnliche Lebensbedingungen finden.

Diese Andeutungen mögen genügen. Der Zoologe, der die einzelnen Teile der Landschaft planvoll untersucht, würde wohl eine Fülle belangreicher Tatsachen feststellen, die auf das Bestimmteste zeigen, daß ein tieferes Verständnis für das Leben der Tierwelt nur im Anschluß an die landschaftlichen Einheiten — namentlich unter Berücksichtigung der Wechsel- und Ergänzungsformen — möglich ist.

Die wirtschaftlichen Verhältnisse und der Mensch.

Da sich die Bevölkerung des Okawangogebiets auf der Wirtschaftsstufe des Hackbaus befindet, so ist sie von der Natur in hohem Grad abhängig, und demgemäß sind denn auch die Landschaftsteile von ausschlaggebender Bedeutung.

Das Innere der Trockenwald-Sandtafel ist so gut wie unbewohnt. Wenn auch die grausandigen Grasmulden für Regen-Feldbau, d. h. Feldbau in der Regenzeit, mit anspruchslosen Gewächsen, wie Dochn,

Melonen u. a. ganz gut verwendbar sind, so können sie sich doch mit den anderen Landschaftsteilen nicht messen. Dagegen spielt die Holznutzung namentlich da, wo kein Buschwald auf Längsstufen und Inseln zur Verfügung steht, eine Rolle. Die Ränder des Sandfeldes sind sogar verhältnismäßig dicht besiedelt. Die günstigen Gesundheitsverhältnisse machen sich bemerkbar.

Die Buschwald-Längsstufen mit grauem, schlammig-sandigem Boden sind die Hauptgebiete für Regen-Feldbau, namentlich die flußbettförmigen Senken. Wo Grasflur-Hochwasserbetten in die Längsstufen eindringen, wird Überschwemmungsfeldbau betrieben, d. h. ein Feldbau auf dem Überschwemmungsboden nach Rückzug des Hochwassers. Für Siedelungen ist allenthalben Platz, weil an Wasserplätzen am Rand der Längsstufen kein Mangel ist. Da die Oberfläche der Längsstufen nicht überschwemmt wird, fehlt es an natürlicher Düngung; die Felder müssen häufig gewechselt werden, der Buschwald wird vernichtet und Dornbuschsteppe entwickelt sich auf den Brachfeldern; die Umwandlung des ursprünglichen Waldbodens durch Austrocknung ist wohl mit ein Grund, daß nicht der Buschwald wieder wächst, sondern der ödere Dornbusch. Für Jagd und Sammeln sind die Bedingungen im Bereich der Längsstufen nicht ungünstig, aber auch nicht besonders günstig.

Die Unterabteilungen der Überschwemmungsgebiete muß man gesondert besprechen.

Die Grasflurebenen sind die gegebenen Gebiete für den Überschwemmungsfeldbau, da dieser während der Trockenzeit stattfindet. Obendrein sind sie äußerst reich an Wild, und demnach für Jäger ein bevorzugtes Gebiet. Hochwasserarme und Hochflutteiche sind wegen der Wasserversorgung — namentlich des Viehs — wichtig.

Die austrocknenden Schilfsümpfe kommen für den Überschwemmungsfeldbau weniger in Frage, weil sie erst während der Trockenzeit allmählich austrocknen. Während der Regenzeit sind sie oft noch zu sumpfig, um bebaut zu werden. Auf den Grasflurebenen wird aber auch Regen-Feldbau betrieben, also doppelt geerntet. Die Flut aber muß obendrein auch da, wo sie Schlamm absetzt, düngend wirken. Allein wenn das Wasser ausgedehnte Schilfsümpfe erst durchströmen muß, so werden alle Sinkstoffe abgefangen, und die düngende Wirkung fällt dann fort.

Die Wald-Sandinseln sind wichtige Bausteine der Landschaft. In den offenen Grasfluren sind sie die einzigen Stellen, wo der Mensch Holz gewinnen und trocken wohnen kann. Für Feldbau sind sie nicht geeignet, da sie aus nährstoffarmem Sand bestehen. Dagegen wird auf Platten aus älterem, grausandig-schlammigem Schwemmland, die als Inseln die Überschwemmungsfläche überragen — Längsstufeninseln —, auch Regen-Feldbau betrieben.

Die dauernden Schilfsümpfe werden für Jagd und Fischfang verwertet, auch bieten die in ihnen liegenden Wald-Sandinseln Gelegenheit zur Gewinnung von Holz und Siedelungsplätzen.

Die Flußläufe schließlich sind, neben Fischfang und Jagd, die sie ermöglichen, vor allem als Verkehrsstraßen wichtig. Trotz der Schnellen und Klippen verstehen die Bewohner großartig die Befahrung der Ströme, und der Hauptverkehr findet auf Einbäumen statt. So sind denn die Flußarme das starke, alle Teillandschaften verbindende Band, die Schlagader der ganzen Landschaft der Okawangotalung, namentlich bei Hochwasser; dagegen leidet der Verkehr erheblich bei Niedrigwasser wegen der Schnellen.

Von den Formbestandteilen der Flußrinnen sind neben den Schnellen und Klippen vor allem die Waldinseln als Siedelungsplätze der bootkundigen Völker wichtig.

Werfen wir nun noch einen Blick auf die Siedelungsformen und die Ausnutzung der wirtschaftlichen Gelegenheiten durch bestimmte Völker.

Von den Buschmännern — ausschließlich Jägern und Sammlern — sind Teile in das Sumpfland geflüchtet und leben dort als Fischer, Jäger, Sammler. Auf Waldinseln schlagen sie vorübergehende Wohnplätze auf: allein sie sind wohl nur in dem Tauche-Sumpfland heimisch; die Sümpfe des eigentlichen Okawangotals sind nicht ausgedehnt genug, um dieses Restvolk zu schützen. Aus dem Sandfeld der Kalahari kommen Buschmännr gelegentlich an den Fluß; sie sind indes unwichtig.

Die Bantustämme sind in erster Linie Hackbauer; Nebensache nur sind Jagd und Sammeln sowie Viehzucht, während der Fischfang schon mehr in den Vordergrund tritt. Demgemäß sind für sie die Gebiete am wichtigsten, in denen Feldbau und Fischfang betrieben werden kann, und wo ihnen die Flußarme als Verkehrsstraßen zur Verfügung stehen, Das sind eben bevorzugte Gebiete.

Die heutige Verteilung der Siedelungen.

Die Anlage der Siedelungen der Okawangolandschaft hängt von folgenden Bedingungen ab:

1. Wirtschaftliche Abhängigkeit kann man wohl am kürzesten bezeichnen durch die Worte Regen-Feldbau-Lage

(im Trockenwald-Sandfeld und auf den Längsstufen) sowie Überschwemmungs-Feldbau-Lage (im Überschwemmungsgebiet).

2. Abhängigkeit vom Verkehr. Lage am schiffbaren Fluß, an Furten, auf Inseln.
3. Abhängigkeit vom Baugrund. Fester Untergrund, der nicht überschwemmt wird, ist notwendig (Rand des Sandfeldes, Längsstufen, Waldinseln).
4. Abhängigkeit von politischen Verhältnissen. Schutzlage in Sümpfen und auf Inseln.
5. Abhängigkeit von hygienischen Verhältnissen. Die Wasserversorgung spielt eine geringe Rolle, dagegen sind die Bedrohung durch die Malaria und der Wunsch nach trockenen, einigermaßen fieberfreien Wohnplätzen groß.

Prüfen wir nun die Verteilung der Ortschaften auf der Seiner'schen Karte, so fallen drei Erscheinungen in die Augen.

1. In der Grauwackenschwelle liegen die Ortschaften überwiegend auf Inseln. Diese Erscheinung dürfte dadurch zu erklären sein, daß in dem klippenreichen felsigen Strom, wo Überschwemmungsflächen zurücktreten, die Inseln den größten Schutz gewähren — Schutzlage.

2. Wo die Trockenwald-Sandtafel mit hohem Abhang dicht an den Fluß herantritt, liegen die Ortschaften hauptsächlich auf dem Abhang, bezw. oben auf der Tafel. Diese Lage ist am gesündesten; man kann ferner von solcher Stelle aus leicht den schiffbaren Fluß benutzen und hat meist auch in der Nähe Längsstufen und Überschwemmungsland für den Feldbau zur Verfügung. Mindestens kann man diese Feldbaugebiete mit dem Boot leicht erreichen. Im Fall der Not steht schließlich auch das Trockenwald-Sandfeld als weites Zufluchtsgebiet offen, in das man übrigens der Jagd wegen auch gern freiwillig eindringt. Es vereinigen sich also mehrere Vorteile bei der Lage auf dem Rand der Sandfeldtafel.

3. Verhältnismäßig wenig Orte liegen im Überschwemmungsgebiet. Allein da könnte die Karte ein unrichtiges Bild geben, weil sich in einem so unübersichtlichen Gebiet Gehöfte und Weiler leicht dem Blick des Reisenden entziehen. Wo sie aber vorkommen, liegen sie entweder auf Buschwaldinseln oder dicht am Flußufer, also vermutlich auf dem waldigen Uferwall. Auch auf Sandbänken finden sie sich.

Folgende Zahlen geben ein Bild der Verteilung:

	Sandfeld	Längsstufen	Flußinseln	Ueberschwemmungsgebiet
In Abschnitt I (Chalzedonsandstein)	21	2	1	2
In Abschnitt II (Kalksandstein).....	23	2	1	18
In Abschnitt III (Grauwacken)......	8	4	14	—
In Abschnitt IV.	14	6	—	9
	66	14	16	29
		59 (14 + 16 + 29)		

Die Bedeutung der gesunden Sandfeldränder, die Schutzlage auf Grauwackeninseln innerhalb des klippenreichen, für Fremde kaum befahrbaren Stromes und die Schutzlage in den breiten Schilfsümpfen der Kalksandstein-Talweiten tritt deutlich hervor, damit aber auch die Bedeutung der Landschaftsteile für die Siedlung.

Die Gründe für die dünne Besiedlung.

Gebiete, die an Wechsel- und Ergänzungsformen reich sind, sind vorausbestimmt für Kleinbetrieb und Kleinstaaterei, aber auch für dichte Besiedlung. Nun sehen wir aber, daß das Okawangogebiet sehr dünn bevölkert ist. Die Gründe können durch die Beschaffenheit des Landes oder durch äußere Verhältnisse bedingt sein.

Die Ursachen für die dünne Besiedlung unseres Gebietes sind folgende. Einmal wird die Viehzucht durch die Tsetsefliege stark eingeschränkt — früher mehr noch als heutzutage. Sodann aber hat die Rinderpest im Jahre 1896 so ziemlich den ganzen Viehbestand vernichtet, und von diesem Schlage hat sich das Land noch nicht erholt. Damit ist aber eine bedeutsame Quelle für den Unterhalt versiegt.

Viel wichtiger ist indes die Tatsache, daß der Boden in der Okawangotalung so minderwertig ist. Er besteht aus Quarzsand und ist im besten Fall mit Pflanzenschlamm gemischt und kalkhaltig. Jedenfalls mangelt es durchaus an Ton und Feinerde. Er ist also nicht nur nährstoffarm, sondern hält auch nicht das Wasser, trocknet also schnell aus; infolgedessen leidet der Überschwemmungsfeldbau und auch der Regenfeldbau; denn die Regen sind nicht sehr reichlich — 500—750 mm — und werden obendrein von trockenen Wochen unterbrochen.

Kurz, die Okawangotalung ist kein besonders fruchtbares Gebiet. Infolgedessen muß eine ausgreifende Feldwirtschaft getrieben werden, im Gegensatz zu der engräumlichen auf fruchtbarem Boden. Die Felder werden nach kurzer Zeit wegen Erschöpfung des Bodens verlassen und neue angelegt. Damit aber hängt die Spärlichkeit der Bevölkerung zusammen. Zu den natürlichen ungünstigen Bedingungen der Landschaft selbst kommt nun noch die Lage innerhalb des Landschaftsgebietes hinzu. Damit kommen wir aber zu einem neuen Abschnitt der landschaftskundlichen Betrachtung.

Zunächst müssen wir die allgemeinen Gesichtspunkte finden.

Die Stellung einer Landschaft in einem Landschaftsgebiet.

Innerhalb einer Landschaft gibt es Landschaftsteile oder auch Teillandschaften, die man bevorzugte und ungünstige Formen, Rückzugs-, Schutz-, Festungs-, Angriffsformen nennen kann. Die gleiche Rolle spielen innerhalb eines Landschaftsgebiets ganze Landschaften und Teillandschaften, ja selbst Landschaftsgebiete innerhalb eines Landschaftsgürtels. Wir sahen bereits, daß bevorzugte Landschaften, je nach den Bedürfnissen des herrschenden Volkes, durch fruchtbaren Boden, günstige Handelslage, reiche Bodenschätze, ausgedehnte Weideländer, wildreiche Jagdgründe und fischreiche Gewässer ausgezeichnet sind. Rückzugslandschaften sind entweder nichtbegehrte, abgelegene Kümmergebiete, oder sie gewähren durch Walddickichte, Wassermangel, Wasserüberfluß, gebirgige Beschaffenheit Schutz.

Die Begriffe Vorzugs- und Rückzugsgebiete sind verhältnismäßige. Eine Landschaft kann im Verhältnis zu dieser bevorzugt und im Verhältnis zu jener benachteiligt, also ein Rückzugsgebiet sein.

Die Stellung der Okawangolandschaft innerhalb des großen Landschaftsgebiets.

Wenn man die Bedeutung der Okawangoflußtalung verstehen will, so muß man ganz Südafrika kurz ins Auge fassen.

Auf der südäquatorialen Wasserscheide und auf der Flucht gesunder Hochländer gehen die Wanderstraßen herrschender Hirtenvölker nach W bezw. S hin, das Rückzugsgebiet der Kalahari umfassend.

Demgemäß liegt die Landschaft der Okawango-Flußtalung innerhalb eines Rückzugsgebietes. Dieses Rückzugsgebiet zerfällt in zwei wesentlich verschiedeneTeile, nämlich in die Nordkalahari einer- und die Mittel- und Süd-Kalahari andererseits. Die beiden letzteren sind ausgesprochen trockene Rückzugsgebiete, die mit Ausnahme weniger ausdauernder Wasserplätze in der Trockenzeit wasserlos sind. In der Regenzeit ermöglichen Regenpfannen die Ausnutzung als Jagdgebiet, Dagegen spielt der Feldbau mehr wegen des schlechten Bodens als wegen des geringen Niederschlags keine Rolle. Anders die Nordkalahari! Sie erhält einerseits reichere Niederschläge und hat demnach nicht nur viel mehr ausdauernde Wasserplätze, sondern auch für Feldbau günstigere Verhältnisse. Andererseits aber dringen aus den regenreicheren Hochländern Angolas und Nord-Rhodesiens Flüsse in größerer Zahl in die Nordkalahari ein, erreichen sogar die Mittelkalahari. Diese Ströme bilden Flußtalungen von der Art der Okawango-Flußtalung. In dem Tauchebecken gewinnen die Überschwemmungsflächen und Schilfsümpfe sogar einen breiten Raum. Diese Flußtalungen mit ihren Überschwemmungsflächen, Sümpfen und Inseln nehmen eine Doppelstellung ein. Innerhalb des Sandfeldes sind es zweifellos bevorzugte Gebiete, weil sie dauernd Wasser haben und Feldbau und Viehzucht die Grundlage der Kultur in höherem Grad als in jenem bilden. Allein gegenüber den umgebenden Hochländern mit stärkerem Niederschlag und besserem Boden sind es doch Rückzugsgebiete, und zwar nasse Rückzugsgebiete mit Flüssen, Sümpfen, Inseln.

Das Okawangotal hat nun eine ganz besondere Stellung. Es ist nämlich das südlichste der drei großen Täler — Sambesi, Kwando, Okawango. Aus dem Hochland von Angola führt ein bequemer Weg an der Flußtalung entlang, und auch die Verbindung mit dem Kwando und Sambesiist während des ganzen Jahres frei. Dagegen grenzt es nach S hin an die Mittelkalahari, ein wasserarmes Gebiet, wenn auch unmittelbar am Fluß zunächst eine Übergangslandschaft mit etwas zahlricheeren Wasserplätzen liegt.

Die Flußtalung des Okawango ist also dadurch ausgezeichnet, daß sie die letzte Talung der Nordkalahari ist. Wer auch aus ihr verdrängt wird, muß in das trockene Sandfeld entweichen und dessen Gesteinsfelder oder die Gebirge des Damaralandes zu erreichen suchen. Früher stand auch noch der Weg zum Tauchesumpfland offen, allein dieser ist jetzt durch das Betschuanenreich versperrt, das, von kräftigen Betschuanenstämmen einst begründet, seit Annahme der christlichen Religion und besserer Bewaffnung mit Gewehren den Okawangostämmen sehr überlegen ist. Allein nicht nur von S her wird auf die Okawangostämme ein Druck ausgeübt, sondern auch aus NO. Am oberen Sambesi, im Becken von Lialui, das wahrscheinlich wegen der Lage dicht am Rand des Sandfeldes lehmigen Schwemmlandboden besitzt, hat sich ein größeres Eingeborenen-Reich gebildet, das der Barutse. Die von diesem Reich ausgehenden Ausdehnungsbestrebungen reichen über den Kwando hinaus, der ein breiteres und wirksameres nasses Rückzugsgebiet als die Okawangotalung ist, bis zu letzterer heran. Aber auch aus dem Angolahochland vordringende Stämme, wie die Owakuangari, haben die Ruhe und Entwicklung der Okawangostämme recht empfindlich gestört.

Die Errichtung der deutschen und portugiesischen Herrschaft hat auch noch nicht dazu beigetragen, Ordnung zu stiften; da es an gegenseitiger Unterstützung fehlte, so wichen die Okawangostämme, wenn sie mit sanftem Druck zur Ruhe und Ordnung gebracht werden sollten, auf das entgegengesetzte Ufer aus.

Die heutigen politischen Verhältnisse.

Die Grundlagen für die politische Entwicklung eines Gebiets hängen einmal von der Beschaffenheit der Landschaft ab, sodann aber von der Lage zu anderen Landschaften.

Die staatliche Entwicklungsmöglichkeit der Okawangolandschaft wird durch die kettenförmige Anordnung der Teillandschaften und ihren mehr oder weniger doppelseitigen Bau, sowie durch den Reichtum an Wechsel- und Ergänzungsformen bedingt.

Die langgestreckte Gestalt ist für die Entwicklung eines einheitlichen Staatswesens ungünstig, und diese Ungunst wird durch die mangelhafte Schiffbarkeit des Stromes und die Ausbildung von Talweiten und Talengen erhöht. Jede Talweite — so könnte man denken — müßte eine gegebene wirtschaftliche und staatliche Einheit bilden allein die weiten Schilfsümpfe wirken doch sehr hindernd. Man erkennt das schon aus der Tatsache, daß die Gemarkungen da, wo größere Überschwemmungsgebiete entwickelt sind, trotz der Beckenform nur auf *einer* Seite des Flusses liegen.

Entsprechend dem Reichtum an Wechsel- und Ergänzungsformen ist es erklärlich, daß jedes Dorf, jede Sippe, jeder Stamm auf engem Raum alle Bedingungen findet, die zum Lebensunterhalt notwendig sind. Der Satz, daß Kleinbetrieb und Kleinstaaterei in Gebieten, die an Wechsel- und Ergänzungsformen reich sind, zu finden seien, findet also hier Bestätigung.

Die Einwirkung der Umgebung kommt auch deutlich in der alljährlichen Wanderung der Buschmänner aus dem Sandfeld in die Talung während der Trockenzeit und in der Beherrschung der Sandfeldränder durch die Okawangostämme zum Ausdruck. Der beständige Druck von außen aber hat eine häufige Verschiebung der Stämme und unsichere, wechselnde staatliche Verhältnisse zur Folge gehabt. Immerhin gibt es doch einige politisch ziemlich einheitliche Staatswesen. wie das der Mambukuschu und das des Häuptlings Niangana.

Der Stammesstaat der Mambukuschu umfaßt die Grauwackenschwelle, ein Gebiet, das insofern günstige Verhältnisse besitzt, als es keine ausgedehnten trennenden Schilfsümpfe aufweist, nach dem Sambesi zu eine gute Handelsverbindung besitzt und den Verkehr zwischen dem Tauchesumpfland und dem Becken der Okawangolandschaft oberhalb der Grauwackenschwelle vermittelt. Trotz der Schnellen ist der Fluß für Landeskundige ein Verkehrsweg, und die breiten Längsstufen und die Überschwemmungs-Grasflurebenen bieten genügend Raum für Feldbau.

Im Gebiet von Niangana, dem anderen stärkeren Stammesstaat, ist die Talung breit entwickelt mit ausgedehnten, fruchtbaren Überschwemmungsflächen, einer ausgezeichneten Schiffahrtsstraße auf schnellenfreiem Strom und der Möglichkeit gesunder Siedlungen auf dem hohen Ufer der Sandtafel.

Örtliche und Vergleichende Landschaftskunde.

Die hier gegebene Darstellung bezieht sich auf einen bestimmten Raum. Diese Landschaft gehört einem bestimmten Typus an, nämlich einer tropischen Steppen-Flußtalung. Als solche besitzt sie bestimmte Eigenschaften und Formen, die allen tropischen Steppen-Flußtalungen gemeinsam sind und ferner bestimmte Eigenschaften, die von örtlichen Bedingungen des Aufbaus, des Klimas, der Pflanzendecke, des Bodens abhängen. Eine sehr wesentliche Eigenart der Okawangolandschaft haben wir bereits kennengelernt, die Ablagerung von Sanden und organischem Schlamm ohne tonige Feinerde. Dadurch tritt diese Landschaft in scharfen Gegensatz zu anderen tropischen Steppen-Flußtalungen, die lehmiges oder toniges Schwemmland aufschütten, wie z. B. der Nil im Bereiche des Abiadbeckens und der Schari-Logone.

Derjenige Teil der Landschaftskunde, der ähnliche Landschaften untereinander vergleicht, ist die „Vergleichende Landschaftskunde". Die Betrachtung kann sich nun entweder auf einen Vergleich der Landschaften beschränken, die in dem gleichen Klima- und Pflanzengürtel liegen, oder über diese hinausgreifen und eine bestimmte Form — in diesem Fall die Form der Flußtalung — über die ganze Erde verfolgen. Demnach gibt es zwei Beobachtungsweisen, eine landschaftskundliche, die sich an Klima- und Pflanzengürtel hält und eine formenkundliche. Letztere Betrachtungsweise würde also die Okawangoflußtalung z. B. mit der des Kongo und Amazonas, des Nils und des Zwischenstromlandes, der Wolga, Lena u. a. m. vergleichen. In jedem Fall würde die Ausgestaltung und Beschaffenheit der Stromtalung durch das Klima — Wasserabnahme in der Wüste bei Nil und Euphrat, Eisgang auf Wolga und Lena —, ferner durch die Pflanzendecke — Urwald am Kongo und Amazonas u. s. w. — in verschiedener Weise beeinflußt werden.

Die Erwähnung des Niltals und Zwischenstromlandes gibt Veranlassung, noch auf einen anderen Gesichtspunkt hinzuweisen, nämlich auf die Wichtigkeit, Landschaften zu untersuchen, die von dem Menschen noch wenig verändert worden sind. Am Okawango bestehen noch Verhältnisse, wie sie einst am Nil und im Zwischenstromland geherrscht haben. Auch dort war früher das Stromsystem ungebändigt; auch dort waren die Flüsse einst Dammflüsse, durchbrachen ihre Ufer, entsandten Hochwasserarme in das Überschwemmungsgebiet, ließen Sümpfe und Flutseen entstehen. Die Uferwälle indes verwandelten sich in Deiche, die Hochflutbetten wurden durch gegrabene Kanäle ersetzt, die Sümpfe und Hochgrasflur in künstlich bewässertes Kulturland verwandelt. Also auch von diesem Gesichtspunkt aus ist die Kenntnis der Okawangolandschaft belangreich. Diese Landschaft hat trotz aller günstigen Bedingungen nicht die Bedeutung erlangt wie das Niltal und Zwischenstromland. Das liegt z. T. an der Untüchtigkeit der Neger und an ihrem Kulturzustand — aber nur zum Teil. Die wenig günstige Lage in einem Rückzugsgebiet, das dauernd von den Nachbarn bedroht wird, ferner die Minderwertigkeit des Sandbodens und die nur mäßige Höhe der Niederschläge sind andere schwerwiegende Gründe.

Hoffnungslos sind die Bedingungen für die Entwicklung einer hohen Kultur freilich nicht. Man müßte nur mit sachgemäßer Landwirtschaft beginnen, kräftig düngen und nach Anwachsen der Bevölkerung die Lenkung des Hochwassers in geordnete Bahnen zwecks künstlicher Bewässerung in Angriff nehmen. So könnte die Flußtalung des Okawango in eine wichtige Kulturlandschaft verwandelt werden.

Aber freilich, freilich! Geradeso wie Industrieländer mit Übervölkerung und Rohstoffeinfuhr von dem Ausland abhängig werden, wenn sie sich nicht selbst politisch unabhängig halten können — Deutschlands Zusammenbruch ist eine Folge der Übervölkerung auf industrieller Grundlage bei Rohstoffeinfuhr — so würde auch eine Okawango-Kulturlandschaft, die mit Hilfe eingeführten künstlichen Düngers zur Blüte käme, ein übervölkertes und geknechtetes Land werden, unfähig auf eigenen Füßen zu stehen — im Gegensatz zu dem Niltal und Zwischenstromland, die selbstdüngendes Hochwasser besitzen. Diese Überlegungen werden erstens einmal zeigen, auf welche Weise allein Deutschland wieder unabhängig werden kann — nämlich durch Befreiung von dem Industrialismus und der Übervölkerung —, sodann aber zeigen sie auch den Wert der Vergleichenden Landschaftskunde für die politischen und wirtschaftlichen Fragen der Jetztzeit und für die Geschichtsforschung.

Die Völkerkunde, Wirtschaftskunde, Geschichtsforschung und Staatenkunden setzen sich aus zwei verschiedenen Bestandteilen zusammen: aus dem Raum und den diesen Raum bewohnenden Menschen. Soweit Völkerkunde, Wirtschaft, Geschichte und Politik von den Menschen, ihrer verschiedenen Begabung usw. abhängen, haben sie nichts mit der Landschaftskunde zu tun. Diese lehrt aber den Wohnort der Menschen kennen, der mehr oder weniger stark auf den Menschen einwirkt, und damit ist eine wissenschaftliche Landschaftskunde notwendigerweise die eine der beiden Säulen, auf denen die Gebäude der Wirtschaftslehre, Geschichte und Staatenkunde und auch der Völkerkunde ruhen, Die andere Säule ist die Kenntnis des Menschen und aller von den Bewohnern des Raumes abhängigen Erscheinungen und Vorgänge. Da nun aber die Landschaftskunde die Grundlage so praktisch wichtiger Wissenschaften ist, so muß auch die gesamte Erdkunde mit der Entwicklung einer Vergleichenden Landschaftskunde eine höhere Bedeutung für das praktische Leben gewinnen. Damit wächst aber die Berechtigung des Verlangens, stärker als bisher im Unterricht auf den Schulen und auf den Hochschulen berücksichtigt zu werden — ein ungemein wichtiger Punkt!

Die Stellung der Landschaftskunde innerhalb der Erdkunde.

Die Landschaftskunde ist ein selbständiger Zweig der Erdkunde und gleichzeitig ein Bestandteil der Länderkunde — ein Bestandteil, den man freilich in den bisherigen Landeskunden — selbst den besten — wohl stets vermißt.

Das Verhältnis zwischen Landschaftskunde und Landeskunde tritt wohl am klarsten hervor, wenn man an ein Land denkt in dem Tier und Mensch keine Rolle spielen — manche Polar- und Wüstenländer. Dann fallen beide zusammen d. h. die Landschaftskunde ist der Abschluß der landeskundlichen Betrachtung.

Wenn die Tierwelt dazu kommt, z. B. an den Küsten der Polarländer, dann erhält die Landschaftskunde einen Aufbau, da sich nach Abschluß der Darstellung des Raumes die Frage anschließt: wie ordnet sich die Tierwelt in die Landschaft ein. Damit beginnt der Unterschied zwischen Landschafts- und Landeskunde.

Kommt nun noch der Mensch hinzu, dann wächst jener Unterschied, und es entsteht die Aufgabe, eine vollständige Darstellung der Rolle zu geben, die der Mensch in der Landschaft spielt, wie er wohnt, wie Wirtschaft, Verkehr, Gewerbe, Handel, wie politische Verbände und Staaten eingerichtet sind. Dabei sieht sich die Darstellung drei Fragen gegenüber:

1. Wie hat die Landschaft auf den Menschen gewirkt? In welchen Punkten ist er abhängig oder frei?

2. Welche Begabung und Befähigung zur Kultur hat der Mensch mitgebracht? Wie verhalten sich verschiedene Völker und Rassen?

3. Wie hat der Mensch auf den Raum eingewirkt, ihn verändert durch Umwandlung der Natur in Kultur- oder Raubländereien?

Wollte man also eine landeskundliche Darstellung der Okawangotalung bringen, so müßte nach Darstellung des Raumes am besten wohl zuerst ein Abschnitt über die Geschichte des Menschen und die Umgestaltung der Landschaft durch ihn folgen; sodann käme ein Abschnitt über die Bevölkerung nach Rassen, Stämmen, Wohnsitzen, Wirtschaft, Verkehr, materiellem und geistigem Kulturbesitz, Staatenbildung, und zwar immer und immer wieder unter Hinweis auf die Abhängigkeit oder Unabhängigkeit von dem Raum, d. h. von den Landschaftsteilen nebst ihren Formbestandteilen, von den Teillandschaften, Landschaften und Landschaftsgebieten. Dabei wird es ganz wesentlich darauf ankommen, landschaftskundliche Namen zu gebrauchen, also nicht Ausdrücke wie Mulde, Sumpf, Rücken, Buschwald, Stufe, Schilf usw., sondern zusammenfassende Namen anzuwenden, die ein Bild von der Vereinigung der Einzelerscheinungen geben. Also z. B.: „Die Oberfläche einer Savannen-Sandsteinstufe ist ein welliges Flachland aus Buschwald-Rotlehm-Rücken und Schilfsumpf-Mulden. In diesem Steppenflachland sind aber steilwandige Felstäler mit Galeriewald-Dammflüssen eingeschnitten die eine Hochgras-Flutsohle mit Schilf- und Waldsümpfen usw. entwickelt haben.

Diese Namengebung mag im ersten Augenblick etwas schwerfällig erscheinen, allein sie gibt mit einem Schlag ein klares Bild von der Landschaft; gleichzeitig stellt sie den Leser, der formenkundlich zu denken gelernt hat, vor eine Fülle formenkundlicher Fragen und Rätsel.

Ein steilwandig-felsiges Tal mit Dammflußsohle weist auf eine verwickelte Entstehungsgeschichte hin; als Dammfluß kann sich der Fluß unmöglich eingeschnitten haben.

Ein anderes Beispiel sei genannt: „Eine tropische Sumpfwald-Wasserscheiden-Rumpfebene". Welche Fülle von Rätseln schließt dieser Begriff in sich! Er beweist ohne Widerrede, daß das Gebiet einst anders ausgesehen haben muß. Denn unter einer Regen- oder Sumpfwalddecke kann die Rumpfebene nicht entstanden sein. Entweder war also der Neigungswinkel der Ebene ein anderer, oder statt des tropischen Regen- und Sumpfwaldes dehnten sich Steppen mit kräftiger Abspülung und flächenhafter Erniedrigung aus.

Dieses Beispiel wird zeigen, daß die Landschaftskunde nicht nur an der Hand formenkundlicher Betrachtungsweise im Rahmen der allgemeinen Landschaftskunde, sondern auch an der Hand landschaftskundlicher Namengebung einen mächtigen Einfluß auf die Entwicklung der Lehre von den Oberflächenformen ausüben wird.

Dasselbe gilt hinsichtlich des Verhältnisses von Landschaftskunde und Tierleben in der Landschaft, und hinsichtlich der Schaffung einer wissenschaftlichen Grundlage für die Wirtschaftslehre, Geschichte und Staatenkunde, soweit sie von dem Raum abhängen. Die Entwicklung der Landschaftskunde als selbständiger Wissenschaft wird daher für die Entwicklung der ganzen Erdkunde von großer Bedeutung werden.

Nach welchen Gesichtspunkten die Abgrenzung der Landschaften und Landschaftsgebiete vorgenommen werden sollte, wird an anderer Stelle zu erörtern sein. Hier kam es nur auf die Darstellung eines einzelnen gegebenen Beispiels an.

Geographische und geologische Beobachtungen in Nordwest-Haïti

von

Dr. **Rudolf Lütgens**, Hamburg.

Mit 5 Abbildungen auf 3 Tafeln, 10 Figuren im Text und 1 Karte.

Inhalt.

Einleitung 45
I. Kapitel. Die Ebene von Gonaïves und das Erzgebiet von Terre-Neuve
1. Die Ebene von Gonaïves 48
2. Das Erzgebiet von Terre-Neuve 53
II. Kapitel. Die Nordwest-Halbinsel und der Plattformvulkan
1. Die Karte 59
2. Von Terre-Neuve bis Bombardopolis 62
3. Der Plattformvulkan 72
4. Abriß der geologischen Entwicklung Haïtis 75
5. Môle-St. Nicolas und der Rückweg 82
Erläuterungen zu den Abbildungen 90

Textfiguren.

1. Mittlere jährliche Regenhöhen und die Zahl der Regentage in Nordwesthaïti 49
2. Mittlere monatliche Regenhöhen in Gonaïves, Môle-St. Nicolas und Port-de-Paix 50
3. Übersicht der Karten und des Reiseweges 61
4. Terrassen südwestlich von Baie-de-Henne 67
5. Terrassen der Morne Chien bei Baie-de-Henne 68
6. Der Plattformvulkan 72
7. Aufschluß beim Abstieg zur Plattform in rund 400 m Höhe 73
8. Idealer Schnitt durch den Plattformvulkan 74
9. Tektonisch-geologische Skizze der Republik von Haïti 77
10. Terrassen bei Môle-St. Nicolas 86

Tafeln.

Taf. I. Abb. 1. Eisenerzblock im Mémétal.
„ 2. Typische haïtianische Einzelsiedlung im Mémétal.
Taf. II. „ 3. La Chapelle in der Ebene von Port-à-Piment.
„ 4. Blick auf den erhaltenen Teil des Plattformkraters.
Taf. III. „ 5. Blick von der Plattform auf den Kraterboden und die Südabstürze des erhaltenen nördlichen Vulkanteiles.
Taf. IV. Topographische und geologische Karte der äußeren Nordwesthalbinsel von Haïti, aufgenommen und gezeichnet von Dr. R. Lütgens und Ing. L. G. Tippenhauer.

Einleitung.

Es gibt wohl kaum ein an Hauptstraßen des Weltverkehrs gelegenes und deshalb leicht erreichbares Gebiet, das bis vor kurzem so wenig wissenschaftlich erforscht war, wie die Insel Haïti und ganz besonders die Republik Haïti. Einst war es allerdings anders. Bis gegen Ende des 18. Jahrhunderts bestand hier eine der blühendsten Tropenkolonien. Hunderte Zuckerfabriken waren vorhanden, ein großer Teil des Kaffes für den Weltverbrauch wurde hier gewonnen, und hauptsächlich brachte der Indigo Millionen alljährlich in das Land. Ohne Berücksichtigung des damaligen höheren Geldwertes belief sich die Ausfuhr auf mehr als das Zehnfache der letzten Friedensausfuhren. So war die Bezeichnung „Reich wie ein Kreole“ kein leeres Wort, und Napoleon I. wußte, weshalb er im Jahre 1802 ein Heer von 12 000 Mann mit 60 Kriegsschiffen nach Haïti sandte, um die Kolonie zu halten[1]). Die umfangreiche Literatur jener Zeit gibt uns ein gutes Bild der Verhältnisse. Dann aber verfiel das Land völlig unter der unabhängigen Negerherrschaft und das Interesse für das Gebiet erlosch unter diesen Umständen mehr und mehr. Hinzu kam, daß nunmehr das Reisen in der Republik äußert mühselig und schwierig, z. T. sogar unmöglich wurde.

Von wenigen rühmlichen Ausnahmen abgesehen ist deshalb geographisch Wichtiges über die Republik Haïti nicht veröffentlicht. Einige englische und französische Bücher, darunter auch das häufiger genannte von Aubin „En Haïti“, enthalten nicht viel mehr als Reiseplaudereien von den leicht zugänglichen Orten[2]). Dagegen sind hier L. Gentil Tippenhauer und Pater Scherer als solche Ausnahmen zu nennen. Von Tippenhauer erschien bereits im Jahre 1893 das große

---

[1]) Man findet auch noch bedeutend größere Zahlen, z. B. bei Fr. Sundstral, Aus der Schwarzen Republik, Leipzig 1903, S. 216.

[2]) Eugène Aubin, En Haïti, Planteurs d'autrefois Nègres d'aujourd'hui, Paris 1910.

kompilatorische Werk „Die Insel Haïti", das in beschreibender Form die Kenntnis über die ganze Insel dem damaligen Stand gemäß zusammenfaßte[1]). Unentbehrlich ist besonders die Bibliographie im Anhang. Dann aber begann Tippenhauer auch die systematische Erforschung des Landes an der Hand eigener topographisch-geologischer Aufnahmen, die zum ersten Mal ein wirklich genaues Bild der betreffenden Teile gaben. Sieben Beiträge sind bisher veröffentlicht[2]). Pater Scherer vom Seminaire-Collège St. Martial in Port au-Prince widmet sich als Leiter des Meteorologischen Observatoriums des Seminars seit vielen Jahren der klimatologischen und seismischen Erforschung des Landes. Er gibt das Bulletin Semestrial de l'Observatoire Météorologique heraus[3]).

Mit Unterstützung der Geographischen Gesellschaft in Hamburg, der auch an dieser Stelle mein besonderer Dank gebührt, konnte ich im Winter 1912/13 eine Studienreise nach Haïti ausführen. Die Ergebnisse dieser Reise sollten zusammen mit weiteren Forschungen Tippenhauers ursprünglich in anderer Form veröffentlicht werden. Der Krieg mit seiner Unterbrechung der Verbindungen und meiner Einziehung zum Heeresdienst machten mir die Ausführung unmöglich. Sie dürfte sich zum Teil auch erübrigen, da die politischen und in mancher Beziehung auch die wirtschaftlichen Verhältnisse durch die äußerst blutige und in ihren scheußlichen Einzelheiten kaum wiederzugebende Revolution vom Juli 1915 mit der folgenden Einführung der nordamerikanischen Schutzherrschaft sich vielfach geändert haben. Über letztere, deren Folgen sich in den nächsten Jahren mehr und mehr bemerkbar machen werden, seien ein paar Worte gesagt.

San Domingo steht schon seit dem Jahre 1905 unter nordamerikanischer Schutzherrschaft; in Haïti erfolgte das erste systematische Eindringen durch den Bahnbauvertrag vom August 1910, während vorher von irgendwelchen großen Interessen der Vereinigten Staaten hier nicht die Rede sein konnte. Der Vertrag sah eine große Linie vom Cap-Haïtien nach Port-au-Prince mit zahlreichen Nebenlinien vor. Für eine

[1]) L. Gentil Tippenhauer, Die Insel Haïti, Leipzig 1893.

[2]) Ders., Geologische Studien in Haïti, Peterm. Mitt. 1899, S. 25 ff.
„ Beiträge zur Geologie Haïtis, Peterm. Mitt. 1899, S. 153 ff.; S. 201 ff.; 1901, S. 121 ff., S. 169 ff., S. 193 ff.

Ders., Neuer Beitrag zur Topographie, Bevölkerungskunde und Geologie Haïtis, Peterm. Mitt. 1909, S. 49 ff.

[3]) Bulletin Semestriel de l'Observatoire Météorologique du Séminaire-Collège St. Martial, Port-au-Prince, Haïti. Es erscheinen jährlich 2 Bände, die auch die seismologischen Beobachtungen bringen,

sechsprozentige Verzinsung hatte Haïti zu garantieren. Ferner hatte der Staat einer Tochtergesellschaft für 50 Jahre das Bananenanbaumonopol bis 20 km Entfernung von der Bahn zu gewähren und alles gewünschte Staatsland für den lächerlichen Preis von etwa 15 Dollar für das Quadratkilometer zu verkaufen. Außerdem erhielt die Gesellschaft für 15 Jahre das Bananenausfuhrmonopol. Mit dem Bahnbau begann man an einigen Stellen, und bei der Revolution im Jnhre 1915 konnte nunmehr die Union an Stelle der bisherigen Hauptinteressenten Deutschland und Frankreich, energisch eingreifen. Alle wichtigen Hafenorte wurden besetzt, jeder Widerstand gewaltsam unterdrückt und ein Staatsschutzvertrag mit ähnlichen Bedingungen wie in Domingo und einigen mittelamerikanischen Staaten den jetzt gefügigen gesetzgebenden Faktoren vorgelegt. Seit der Unterzeichnung, Ende des Jahres 1915, besitzt praktisch die Republik Haïti ihre Unabhängigkeit nicht mehr[1]). So hat auch hier der amerikanische Imperialismus sein Ziel erreicht.

Ich habe nun seiner Zeit auf Aufforderung Tippenhauers mit ihm die Minengebiete im Norden von Gonaïves bereist, um diese in Erschließung befindlichen viel versprechenden Gegenden weiter zu untersuchen. Im Anschluß daran war dann eine Reise durch die wissenschaftlich völlig unbekannte Nordwesthalbinsel geplant. Unser Vorhaben konnte trotz mancher gerade in Haïti dem Reisen entgegenstehenden Schwierigkeiten, vor allem auch Dank der Unterstützung, die uns der Kaiserliche bevollmachtigte Minister, Herr Gesandter Dr. Perl, durch Vermittlung bei der Regierung lieh, durchgeführt werden. Diese Veröffentlichung gibt die wesentlichen Ergebnisse der gemeinsamen Reise an der Hand der Karte wieder. Es sei dazu ausdrücklich bemerkt, daß in allen Hauptpunkten Übereinstimmung mit Tippenhauer anzunehmen ist. und daß die über das engere Gebiet hinausgreifenden Angaben und Vergleiche z. T. auf eigene Reisen in anderen Teilen der Republik, aber auch auf die

---

[1]) W. Drascher, Das Vordringen der Vereinigten Staaten im westindischen Mittelmeergebiet. Ein Studie über Entwicklung und Methoden des amerikanischen Imperialismus. Hamburg 1918.

Eduardo L. Llorens, Monroismus-Panamerikanismus, Hamburg 1918.

Drascher bezeichnet die Republik Haïti und ebenso San Domingo als Schutzstaaten, die auf Grund von Verträgen unter der finanziellen und politischen Oberleitung der Vereinigten Staaten stehen, dagegen Guatemala usw. als Staaten unter Vormundschaft der Union, in denen diese, gestützt auf die Macht des investierten Kapitals, die Führung der Politik entscheidend beeinflußt.

früheren Untersuchungen Tippenhauers fußen. Gerade die gründliche Vertrautheit Tippenhauers mit großen Teilen des Landes erwies sich bei unseren Besprechungen der Beobachtungen stets als äußerst wichtig, und häufig sind unsere vergleichenden Ergebnisse die Grundlage für meine Ausführungen.

I. Kapitel.

Die Ebene von Gonaïves und das Erzgebiet von Terre-Neuve.

1. Die Ebene von Gonaïves.

Der Ausgangs- und Endpunkt der Reise war der Hafenort Gonaïves. Die starke horizontale und vertikale Gliederung Haïtis[1]) läßt verhältnismäßig scharf von einander geschiedene Gebiete entstehen, die auch selbständige Mittelpunkte mit größerer Einwohnerzahl aufweisen. In der Geschichte des Landes treten diese Orte häufig als neue Revolutionsherde auf. Haïti erfährt seine charakteristische Gestalt durch die zwei nach Westen weisenden Halbinseln, zwischen die das Meer tief eingreift. Nach der in diesem Meeresraum liegenden großen Gonaveinsel empfiehlt sich die Bezeichnung „Golf von Gonave" für den ganzen Golf. Durch die Insel tritt ferner eine Scheidung in einen nördlichen Teil, den wir als „Golf von Gonaïves", und einen südlichen, den wir als „Golf von Port-au-Prince", nach den beiden größten Orten in den Winkeln der Golfe benennen. Port-au-Prince liegt am Ausgang der großen Cul-de-Sac-Ebene. Deren nördliche Begrenzung bilden rund 1000 m hohe Bergzüge, die sich auch noch nordwestwärts fortsetzen und ihre Auflösung und Ende an der flachen Bucht von St. Marc finden. Durch den Kaffeereichtum der benachbarten Berge hat St. Marc eine große Bedeutung als Kaffeeausfuhrhafen. Dann folgt nördlich wieder eine im Osten nur schmale sich nach Westen zum Meere aber stark verbreiternde Ebene, die

---

[1]) Es ist, falls nicht ausdrücklich die ganze Insel genannt ist, mit der kürzeren Bezeichnung Haïti immer die Republik Haïti gemeint. Für die östliche Hälfte, das Gebiet der Republik San Domingo, wird Domingo gesagt.

des Artibonite, des größten Flusses Haïtis. Mächtige alluviale Anschwemmungen haben hier eine weite und zum Teil versumpfte Ebene geschaffen, durch die nördlich des Artibonites noch mehrere aus der nördlichen und nordöstlichen Bergumrahmung kommende Gewässer sich träge dahinschlängeln, z. T. auch sich im Sumpf verlieren. Die größten dieser Flüsse sind der Ester- und der Quintefluß. Nachdem schon nördlich des Esterflußes der Kalkhügel des Morne Gramont ziemlich unvermittelt aus der Ebene aufgetaucht ist, findet sich noch einmal eine Weitung, dann aber die Begrenzung der Ebene durch die Kalkzüge des Morne Biénac[1]), Morne Blanc

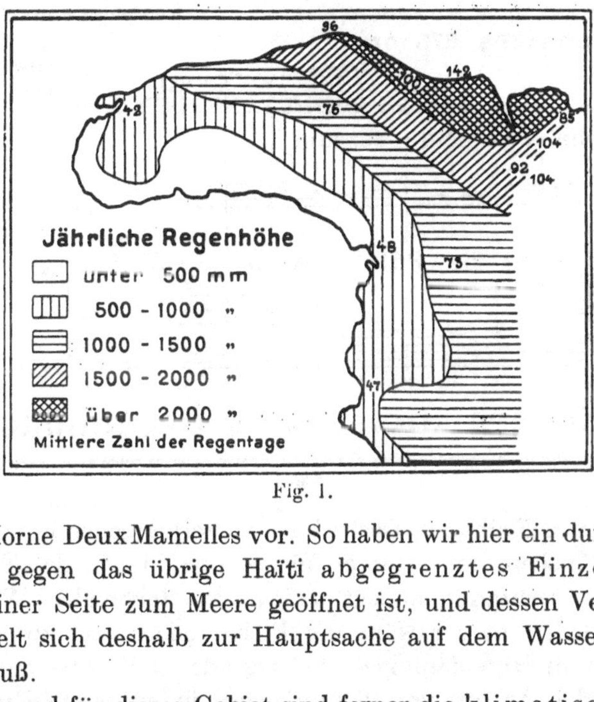

Fig. 1.

und des Morne Deux Mamelles vor. So haben wir hier ein durch höhere Bergzüge gegen das übrige Haïti abgegrenztes Einzelgebiet, das mit einer Seite zum Meere geöffnet ist, und dessen Verkehr mit der Umwelt sich deshalb zur Hauptsache auf dem Wasserwege abspielen muß.

Bezeichnend für dieses Gebiet sind ferner die klimatischen Verhältnisse. Haïti empfängt zur Hauptsache seine Feuchtigkeit von Nordosten (Fig. 1). Die Nordküste ist daher regenreich und ebenso erhalten die Luvseiten der Berge je nach ihrer Höhe und Entfernung vom Meere gleichfalls genügend Feuchtigkeit.[2]) Unser Ge-

---

[1]) Siehe Abb. in des Verfassers „Land, Leute, Reisen in der Republik Haïti", Ztschr. Ges. Erdk. Berlin 1914, S. 771.

[2]) Die mittlere Zahl der jährlichen Regentage (Fig. 1) gilt für die Jahre 1909 bis 1913 einschl. Die Zahlen sind nur angenähert, da die Unterlagen

biet liegt aber im Regenschatten. Die Niederschläge sind mit 500 mm und wenig mehr im Jahresdurchschnitt für tropische Verhältnise und eine reiche Vegetationsentwicklung zu gering. Die Figur 2 gibt die Regenverteilung für Gonaïves, dem weiter unten behandelten Môle-St. Nicolas und für das nur etwa 60 km nördlich von Gonaïves an der Nordküste gelegenen Port-de-Paix mit ergiebigen Niederschlägen besonders im Herbst und Winter wieder. Die Beobachtungen, deren Organisation und Bekanntgabe das Werk Pater Scherers sind, umfassen 7—9 Jahre und zeigen für Gonaïves neben der geringen Gesamtregenmenge auch eine längere ausgeprägte Trockenzeit

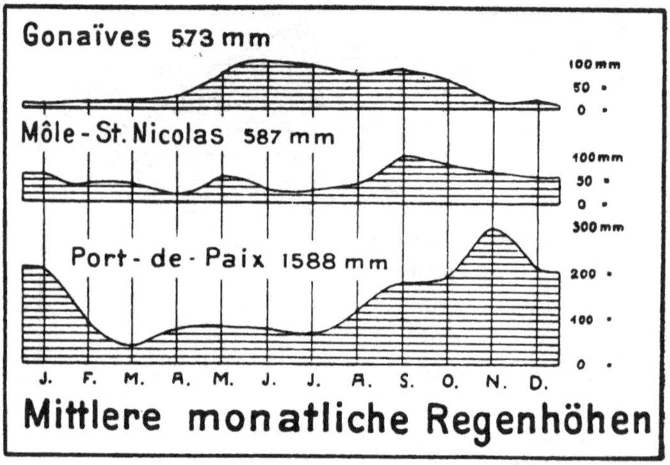

Fig. 2.

im Winter und Frühjahr. Deshalb ist die vorherrschende Vegetationsformation neben dem Sumpf die Steppe, die in der Trockenzeit dürr und verbrannt daliegt. Nur wo fließendes Wasser und feuchter Boden in der Nähe der Flüsse oder durch künstliche Bewässerung mit Hilfe dann meist versiegender Gebirgsbäche vorhanden ist, wird der Anbau von Nutzpflanzen in größerem Umfange getrieben. Am Artibonite selbst beherrscht Zuckerrohr, im nördlichen Teil der Ebene Baumwolle das Landschaftsbild. Ferner bietet sich dem Menschen als nützliches Wildprodukt besonders an den trockenen Berghängen das Campeche- oder Blauholz (Haematoxylon campechianum). Dort schließlich, wo in den umrahmenden Gebirgen

z. T. lückenhaft sind. Das Kärtchen ist nach den Messungen bis zum Jahre 1913 einschl. entworfen und kann natürlich nur einen Überblick gewähren.

die Feuchtigkeit größer wird, also mit der Höhe, baut man den Kaffee in größerem Maße an.

Der von der Natur vorgezeichnete Hauptort dieses abgeschlossenen Wirtschaftsgebietes vom Artibonite ist nun Gonaïves. Er ist damit im nördlichen Teil des Golfes von Gonaïves das Gegenstück zu Port-au-Prince im südlichen, ohne allerdings Port-au-Prince an Bedeutung zu erreichen. Gonaïves liegt im innersten nordöstlichen Winkel des Golfes, fast an dem Nordende des Gebietes, denn nur hier konnte sich ein größerer Ort entwickeln. Die Sumpfniederung am Artibonate selbst war völlig ungeeignet. Der Fluß kommt auch für dauernde größere Schiffahrt infolge seiner geringen Tiefe in der Trockenzeit kaum in Betracht. Jedenfalls mißlang ein derartiger Versuch vor einigen Jahren. Auch findet sich an seiner Mündung keine für einen größeren Hafen geeignete Bucht. Ebenso ist weiter nördlich die versumpfte Küste nur mit kümmerlichen Siedlungen besetzt, deren Bewohner hauptsächlich die Salzgewinnung in Salzgärten und den Fischfang treiben. Die Küste ist vielfach Mangrovenküste mit reicher Vogelwelt in den Sümpfen. So blieb, soweit nicht St. Marc die Produkte an sich zieht, nur der Raum von Gonaïves. Hier ist der Boden an der Küste verhältnismäßig trocken, Wasser ist aus den nahen Bergen herzuleiten, und schließlich führen von hier die nächsten Wege über das Gebirge zu der wichtigen Nordküste und zum nördlichen Teil der gleichfalls ein abgeschlossenes Gebiet bildenden großen Savanne des Inneren.

Der Hafen von Gonaïves ist sehr gut und geräumig, wenn auch nicht leicht anzusteuern. Ausführliche Angaben über Hafen- und Schiffahrtsverhältnisse machte zuletzt im Jahre 1902 die Deutsche Seewarte in ihren Veröffentlichungen[1]). Die Beschreibung der Hafenanlagen ist noch völlig zutreffend und charakterisiert auch die übrige Stadt gut: „Zwei Landungsbrücken, die sich in verfallenem Zustande befinden, sind am Orte. Auf der größeren stehen zwei Krähne die aber nicht in Ordnung sind. Die Landungsbrücken dienen nur zum Löschen und Laden der Leichter und als Bootlandungsstelle. An ihren äußersten Enden sind 1,2 und 1,8 m Wasser. Neueinrichtungen sind nicht geplant, selbst auf die Reparatur der beiden vorhandenen Landungsbrücken ist nicht zu hoffen, wenn nicht die hier ansässigen (fremden) Kaufleute sich dazu entschließen wollten". Diese Hoffnung hat sich in den seither verflossenen 12 Jahren nicht erfüllt!

[1]) „Der Pilote", neue Folge, 1902, Heft 6, S. 462. Seitherige Änderungen siehe weiter unten im Text.

Die Stadt Gonaïves[1]) soll nach amtlicher Angabe 15 000 Einwohner haben, und diese Schätzung dürfte gestimmt haben. Der Ort hat aber in den allerletzten Revolutionen in den Jahren 1913/14 nach mir vorliegenden brieflichen Mitteilungen und wahrscheinlich auch im Jahre 1915 durch Brand und Plünderung wieder stark gelitten. Die Zahl der deutschen Reichsangehörigen beträgt 8[2]). Sehr gewachsen war der auch schon früher überragende Anteil Deutschlands in der Schiffahrt. Besonders seitdem die früher englische Atlaslinie, die zwischen New-York und Kolumbien, bezw. Mittelamerika verkehrt, von der Hamburg-Amerika-Linie aufgekauft worden war. Es waren lauter neuere Schiffe eingestellt, so daß eine vorzügliche Verbindung über New-York mit der Umwelt erzielt war. Durch den Krieg ist das natürlich alles anders geworden. Ferner war auch eine holländische Linie hinzugekommen, die die holländischen Besitzungen Guayana und Curacao mit der Heimat und gleichfalls New-York verbindet und haïtische Häfen anläuft.

Dieser Zunahme des Schiffahrtsverkehrs entspricht aber nicht eine gleiche Zunahme des Handels im letzten Jahrzehnt, in dem überhaupt die politischen Verhältnisse Haïtis, in einigen Fällen auch schlechte Ernten oder Erschöpfung leicht zugänglicher Ausfuhrprodukte wie Hölzer an günstigen Stellen, einen entsprechenden Fortschritt hemmten. Für Gonaïves kommen in größerem Umfange nur drei Produkte in Betracht. Diese Ausfuhrprodukte sind Kaffee aus den Bergen von Gros-Morne, nördlich von Gonaïves, der 1912/13 zur Ausfuhr über Gonaïves rund 15 Prozent der Gesamtkaffeeausfuhr des Landes (273 000 Doppelzentner) lieferte, Blau- und Pockholz (5 bezw. 25 Prozent von 730 000 und 50 000 Doppelzentner) und Baumwolle und Baumwollsaat aus der Ebene (25 bezw. 12 Prozent von 21 000 bezw. 37 000 Doppelzentnern). Alles andere spielt hier

---

[1]) Geschichtliche Angaben über Gonaïves im 17. und 18. Jahrhundert, die dortigen Verhältnisse zur Kolonialzeit und über die von Gonaïves 1804 ausgehende endgültige Unabhängigkeitsbewegung bringt u. a. Aubin, En Haïti, Paris 1910, S. 314ff. Die beste deutsche Darstellung der Geschichte Haïtis ist die von H. Handelmann, Geschichte der Insel Haïti, II. Aufl. Kiel 1860. Weitere, auch neuere Werke siehe bei Tippenhauer,

[2]) Die Zahlen sind nach dem Stand vom Jahre 1914. Während des Krieges sind nach der Kriegserklärung die Deutschen auf ein Fort bei Port-au-Prince interniert und die blühenden Unternehmungen liquidiert worden. Es war von Nordamerikanern und Franzosen schon vor dem Kriege systematisch Deutschenhetze durch Zeitungen und Alarmmeldungen betrieben worden.

nur eine geringe Rolle, und lediglich der Salzhandel hat noch heimische Bedeutung, da die Seesalzgewinnung in diesen Trockengebieten vom Artibonit bis Baie-de-Henne an der Südseite der Nordwesthalbinsel das ganze Land versorgt. Der Transport erfolgt auf kleinen Küstenseglern, die 20—30 Sack befördern und 2 Mann Besatzung haben.

Die Einfuhr betrifft Lebensmittel und Bedarfsartikel des täglichen Lebens, die aus den Staaten, weniger aus Europa stammen. Aus den Zolleinnahmen folgt, — soweit diese in Haïti überhaupt ein Bild geben können — daß etwa 7 Prozent der haïtischen Einfuhr über Gonaïves geht, das damit nach Port-au-Prince, Cap-Haïtien, Les Cayes, Jacmel an fünfter Stelle steht.

Der Austausch der Produkte findet auf den großen Märkten in Gonaïves statt, zu denen die Teilnehmer auf Eseln oder zu Fuß weit herkommen. Ein Bahnbau ist in die innere Savanne von Gonaïves aus nach dem nordamerikanischen Projekt geplant und das kleine Stück bis Ennery stand vor der Vollendung. Die Strecke nach Gros-Morne war noch nicht vermessen. Der Kleinverkehr der Haïtianer dürfte sich aus Mangel an Kleingeld aber mehr auf dem Rücken der geduldigen Esel abspielen. Entfernungen bedeuten dem Neger nicht viel, und er läuft einen Tag weiter, wenn er für seine Paar Pfund Kaffee einige Cents mehr erhält. Die Amerikaner wollen deshalb die Produktion für umfangreicheren und gewinnbringenden Bahnverkehr ja auch mit Hilfe des Bananenanbaus erst schaffen.

2. Das Erzgebiet von Terre-Neuve.

Das Erzgebiet von Terre-Neuve liegt nordwestlich von Gonaïves, dort wo die Nordwesthalbinsel an den Rumpf der Insel ansetzt. Hier ziehen sich parallel zur annähernd südost-nordwestlich verlaufenden Meeresküste und von ihr durch 1000 m erreichende Höhenzüge getrennt die Täler des Bassinflusses und des Columbierflusses hin. Der erstere Fluß strebt zur Ebene von Gonaïves, der letztere fließt zunächst noch nordwestlich durch das Terre-Neuvetal. Beide Täler sind durch den 960 m hohen Paß Bivac-Dumiraille verbunden. Das ganze Gebiet, das im allgemeinen Mittelgebirgscharakter trägt und nur gelegentlich steilere Formen, besonders tiefe Talschluchten aufweist, besteht aus tertiären Kalken jüngeren Alters. Strandbildungen, vertreten durch plattige, sandige Kalke, Kalkkonglomerate und einige koralline Massen, alles versteinerungsarm, überwiegen an der Oberfläche. Erst darunter finden sich massigere und reinere Kalkbildungen des Miozäns vor. Mehrfach haben Eruptivgesteine und zwar besonders auf einer Linie Bassintal — nördliches Columbiertal die Schichten durchbrochen. Die älteren sind dunkler und kieselsäurereicher und wohl nicht immer als Ergußgesteine zu bezeichnen. Ihre kontaktmetamorphischen Wirkungen im Kalk — darunter besonders die eines Quarzdiorites im Bassintal bei Mémé — sind häufig erkennbar, da die tief eingeschnittenen Talschluchten einige gute Aufschlüsse zeigen. Durchbrochen und vielfach weit überdeckt ist das Ganze dann von jüngeren hellen Andesiten und Trachyten, die gelegentlich auch eine mehr phorphyrische Struktur annehmen. Diese jüngere Gruppe, besonders die Trachyte, scheinen das Mineral mitgeführt zu haben.

Die ältesten Angaben über die Erzvorkommnisse bei Terre-Neuve finden sich schon in französischen Quellen des 18. Jahrhunderts, aber erst in jüngster Zeit hat man wirklich die Erschließung ins Auge gefaßt. Tippenhauer selbst hat zusammen mit Herrn Edm. Roumain die wichtigsten Arbeiten geleistet. Er hat auch nach Aufnahme der ersten topographisch-geologischen Karte des Gebietes ausführlich über die Erzfundstätten von Terre-Neuve und Gonaïves berichtet[1]), so daß zu diesem Punkte nur ergänzende Bemerkungen über die Arbeiten und Ergebnisse der letzten 15 Jahre nötig sind.

Die famose erste amerikanische ,,Terre-Neuve Company", die damals in New York gebildet wurde und bei Nominal 5 Millionen Dollar Kapital ganze 10 000 Dollar bar aufbrachte, löste sich nach Vornahme einer äußerst oberflächlichen Untersuchung, die überhaupt wohl nur der Form wegen erfolgte, wieder auf. Es gelang dann aber 1905 eine hauptsächlich aus den Deutschen Haïtis bestehende ,,Compagnie Minière de Terre-Neuve (Haïti) mit 100 000 Dollar Kapital in Port-au-Prince zu gründen und die Minenkonzession für das ganze Gebiet im Nordwesten von Gonaïves zu erhalten. Die Größe des Gebietes ist rund 350 englische Quadratmeilen, im Norden bis 19° 45', im Westen bis 73° W. Die Gesellschaft nahm der Konzessionsverpflichtung gemäß Arbeiten vor und gründete ihrerseits wieder Prospektionsgesellschaften für Aufschließungsarbeiten. Wenn nun auch mit den geringen Mitteln und vor allem mit den völlig ungeübten Arbeitern nichts Großes geleistet ist, so kann doch jetzt nach den Ergebnissen der letzten Zeit mit ziemlicher Sicherheit auf dauernden Erfolg gerechnet werden.

---

[1]) Peterm. Mitt. 1901, S. 121ff., mit Karte.

Eisen findet sich auf der ganzen südost-nordwestlichen Linie, die vom Bassintal in das Terre-Neuvetal hinüberstreicht. Die hochwertigen Eisenerze von vorzüglicher Zusammensetzung von 60 bis 63 Prozent metallischem Eisen entsprechen den auf Cuba bei Jurugua mit großem Erfolg ausgebeuteten — ein bemerkenswerter Hinweis auf etwaige Zusammengehörigkeit. Ganze Teile der Berge, Felswände usw. bestehen aus Eisenerz, besonders Magneteisen (Magnetit $FeO . Fe_2 O_3$). So stürzt der Bassinbach bei David Mémé über eine 8—9 m hohe Erzwand, die einen mächtigen Riegel in der tiefeingeschnittenen Schlucht bildet (Abb. 1, Taf. I).

Es ist die Eisenausbeutung jedoch vorläufig ganz unterblieben, um zunächst das wertvollere Kupfer aufzuschließen und zu gewinnen. Und auch hierbei hat man sich rationeller Weise auf einige wenige benachbarte Stellen im oberen Bassingebiet beschränkt, wo unter Leitung des Herrn Eduard Roumain, eines in Deutschland ausgebildeten Apothekers, gearbeitet wird. Es sind zahlreiche Bohrungen, Sprengungen und auch einige Stollenbauten vorgenommen, die fast alle günstige Ergebnisse zeitigten. Es findet sich einmal neben den Magneteisenerzen Kupfer und zwar meist Kupferkies ($Cu Fe S_2$) und gelegentlich wohl auch Buntkupfererz ($Cu_3 Fe S_3$). 5—7 Prozent Kupfer ist der Durchschnitt der oberflächlichen Ausbisse, im Maximum aber sogar 18—20 Prozent. Dann aber ist in der Kontaktzone der jungvulkanischen Durchbruchsgesteine der Kalk metamorphisiert und mineralisiert. Die Kontaktzone ist 20—40 m breit ausbeutbar, d. h. enthält mindestens 5 und mehr Prozent Kupfer, durchschnittlich aber 10—15 und bis 20 Prozent. Maximal wurde auch 40 Prozent gefunden. In den oberflächlichen Lagen ist das Kupfererz vielfach in Karbonat verwandelt und ausgelaugt. Hier deckt der „Eisenhut das Kupfergut", das dann in der Tiefe sich angereichert findet. Das Verfolgen der Mineralzonen ist im allgemeinen unschwer, da man nur den Kontaktflächen zu folgen braucht.

Auf das obere Bassintal hat man vorläufig, obwohl z. B. bei Jeanty im oberen Terre-Neuvetal die Kupferaufschlüsse mindestens ebenso reich, wenn nicht noch reicher sind, die ganze Arbeit konzentriert, weil es für den primitiven Transport auf den kaum Wege zu nennenden Routen zum Verschiffungshafen weit günstiger liegt. Von Terre-Neuve ist die Verbindung nur auf großem Umweg oder über Höhenzüge hinüber möglich.

Es arbeiteten durchschnittlich 25—40 Leute an den Aufschlüssen. 25 ist die durch die Minenkonzession festgelegte Mindestzahl. Sie erhielten 3—6 Gourdes im Jahre 1912/13 gleich 3,50—7 Mark in der Woche. Die Entfernung abwärts bis zum nächsten Hafen Gonaïves beträgt ab David Mémé etwa 4—5 Reitstunden. 4—5 Leute tun sich zusammen, ein Obmann holt mit den 20—30 Eseln und Mauleseln die Ladung, bringt sie herunter und zieht den Lohn ein. Ein Tier trägt etwa 200 Pfd. Für die Last gibt es 2 Gourdes, so daß die Tonne abwärts auf 20 Gourdes zu stehen kommt. Dasselbe Gewicht Kaffee wird übrigens billiger transportiert, da die Tiere nicht so darunter leiden. Auch erfolgt die Erzbeförderung vorläufig nur in der „toten Zeit", in der kein Kaffee verschifft wird. Die Verschiffungskosten in Gonaïves betragen dann 10 Gourdes für die Tonne und die Fracht nach New York 3—4 Dollar, die Gesamtbeförderungskosten bis New York sind demgemäß rund 40—45 Gourdes gleich rund 50 M.

Der Wert der vor einigen Jahren verschifften 400 Tonnen war bei rund 7—8 Prozent Kupfer für die lohnende Gewinnung ausreichend. Man könnte übrigens auch das Erz mit Küstenseglern nach Santiago de Cuba, wo sich eine Kupferschmelze befindet, schaffen. Dann wäre die Fracht nur rund 1 Dollar für die Tonne. Auch nach Hamburg ist anfangs einmal eine Probe gegangen. Es war eine der ersten, deren Sortierung durch die ganz ungeübten Arbeiter wohl damals das wenig befriedigende Ergebnis zeitigte. Ein Durchschnittsgehalt von 7—10 Prozent im Großen ist nach den neuen Aufschlüssen sicher.

Die Gesetze für die Erzgewinnung in Haïti sind für derartige Unternehmen sehr günstig. Der Oberflächenbesitzer hat kein Anrecht auf die Bodenschätze. Er erhält lediglich eine Entschädigung für die etwaige oberflächliche Zerstörung, die aber meist keine großen Werte trifft, sowie $^1/_4$ Prozent vom Wert des geförderten Roherzes. Ferner bekommt die Regierung 5 Prozent vom Roherzwert. Weitere Abgaben bestehen nicht, auch sind die Kosten für die Konzessionserlangung gering. Schließlich ist noch für den Ertrag die jeweilige Goldprämie wichtig. Bei hoher Prämie, d. h. niedrigem Kurs der Landeswährung sind die in Gourdes gezahlten Arbeitslöhne und teilweise auch andere Unkosten dem absoluten Werte nach geringer, der Überschuß also größer.

Die Gegend des Bassin- und Columbiertales ist verhältnismäßig dicht besiedelt, in der Art, wie sie überall für die haïtianischen Waldgebirge typisch ist. Das heißt, man findet fast nur Einzelsiedlungen und nur selten einmal mehrere Hütten zusammen. Dem Haïtianer fehlt der Gemeinsinn, der wiederum als Anstoß zur Schaffung ,von Kultureinrichtungen nötig ist. Jeder hat seine mit Stroh gedeckte Lehmhütte, die bis zum Zusammenfallen bewohnt wird, um dann einer neuen Platz zu machen. Diese Hütten liegen häufig etwas versteckt und abseits von dem Pfade, vielleicht zum Schutze während der vielen Revolutionen. Bei der Hütte stehen ein paar Bananenstauden; etwas Zuckerrohr, Hirse, Bohnen und Knollenfrüchte für die tägliche Nahrung wird angebaut. Fleisch liefern Hühner oder ein Schwein, und der Erlös von einigen, meist völlig ungepflegten Kaffeesträuchern dient zum Bezahlen weiterer Bedürfnisse, wie Seife, Messer, Töpfe und ähnlichem. Von einer auch nur einigermaßen genügenden Ausnutzung des durchschnittlich sehr fruchtbaren Bodens ist also nicht die Rede. Eine Feuerstelle mit Sonnenschutz findet sich neben oder hinter der Hütte und ebenso eine gestampfte Lehmfläche zum Kaffeetrocknen (Abb. 2, Taf. I). Als Beleuchtungsmaterial dient Kienholz. Das hat leider gewaltige Verwüstungen der reichen Kiefernbestände Haïtis zur Folge, da der Neger immer nur in erreichbarer Höhe Späne abschlägt, bis der Baum zu Grunde geht. Der gefallene Baum wird nicht mehr benutzt. Übrigens ist die Verbreitung der Kiefer (Pinus occidentalis, Bois pin der Neger) stark vom Boden abhängig. Auf reinem Kalkboden gelangt sie erst zwischen 1000 und 1500 m Höhe voll zur Entfaltung, während sie auf sandigem oder vulkanischem oder Schiefer-Boden viel tiefer herabsteigt. So sah ich auf dem Paß St. Michel-Ennery, östlich von Gonaives, in 550 m Höhe schon sehr schöne Bestände ganz unvermittelt dort, wo vulkanisches Gestein anstand.

Die Bewohner, die in ihren Waldbergen oft noch keine Weißen gesehen haben, sind wohl anfangs etwas scheu, dann aber meist zugänglich und gastfrei. Man kann unbesorgt in jeder Hütte übernachten. Allerdings muß man größere Vorräte, darunter besonders den geliebten Rum sowie Tabak, für alle immer mitführen und dadurch wird wieder das Reisen sehr verteuert. Fast stets ist man angenehm überrascht durch den Reinlichkeitssinn der Leute. Wo auch nur ein Bächlein rieselt, da fehlen in Haïti selten die waschenden Frauen. Es bleibt nur rätselhaft, wie die unglaublich zerfetzten Lumpen immer noch wieder das Waschen aushalten. Weiter beobachtet man angenehm, daß Bettelei nur in sehr geringem Umfang vorkommt, so daß der Haïtineger auf dem Lande — bis auf die geringe Wahrheitsliebe im allgemeinen viele sympathische Charakterzüge aufweist. Weniger gilt allerdings das Gesagte für die Gegenden, in denen häufige Berührung mit Weißen stattgefunden hat, ferner für ganz hoch gelegene Gebiete, in denen durch Krankheit und Inzucht Entartung eingetreten ist, sowie für die Städte, wo die Mulatten einen größeren Prozentsatz der Bevölkerung ausmachen. Hier findet sich auch Fremdenhaß und maßlose Einbildung, die allein schon ebenso wie die Trägheit, jeden Fortschritt unmöglich macht.

Terre-Neuve, das wir über den oben erwähnten Paß Bivac Dumiraille erreichten, ist ein armseliges Bergnest mit einigen hundert Einwohnern, die sich durch große Häßlichkeit auszeichnen. Es wird hier weniger Kaffee-, als vielmehr Bohnenanbau getrieben. Wir fanden trotz des Empfehlungsschreibens der Regierung von Port-au-Prince bei dem Platzkommandanten, einem auffallend häßlichen Negervollblut, wenig Entgegenkommen. Jedoch half uns der seit über 25 Jahren hier hausende französische Priester mit Rat und Tat und gab uns auch die unbedingt nötigen Aufklärungen über Weg, nächste Ortschaften, Wasser, Futterverhältnisse usw. Französische Priester, meist aus der Normandie oder dem Elsaß, sind außerhalb der Hafenorte die einzigen Weißen, die sich an einigen Plätzen des Innern finden. Sie sind dann die einzigen Kulturträger und ihr Register der immer noch sicherste Anhaltspunkt für den Bevölkerungsstand und seine Änderung[1]). Bei der Bevölkerung erfreuen sie sich eines gewissen Respektes seit altersher, so daß sie ihre Arbeit auch in den unruhigen Zeitläufen aufrecht erhalten können. Ihre Erfolge sind aber fast nur äußerlich, da der alte Aberglaube viel zu tief sitzt und auch dem ganzen Geistes- und Kulturzustand am besten entspricht. Über den aus Afrika herstammenden Schlangendienst, den berüchtigten Vaudouxkult haben sich gelegentlich auch Unbefugte geäußert. Es ist ein Tanzkult mit alkoholischen und gelegentlich wohl auch sexuellen Exzessen, der zur Zeit der Kolonie ein geheimes nächtliches Austoben der Sklaven vorstellt. Wenn Menschentötung dabei vorkommt, so sind es zweifellos Lustmorde, die prozentual aber nicht häufiger sind als bei uns.

---

[1]) Siehe Fußnote S. 70.

II. Kapitel.

Die Nordwesthalbinsel.

1. Die Karte.

Die beigegebene topographisch-geologische Karte der äußeren Nordwesthalbinsel ist das Ergebnis der Routenaufnahmen unserer Reise durch das Gebiet. Brauchbares, einwandfreies Kartenmaterial für das Innere der Halbinsel gab es überhaupt nicht. Die französische Karte 1 : 1 Million reicht kaum für einen Überblick aus und enthält auch viele Fehler[1]). Im Jahre 1908 erschien in Port-au-Prince im Maßstab 1 : 400 000 die „Physikalische und politische Karte der Insel Haïti" von A. Poujol und H. Thomasset[2]). Sie kann einigermaßen nur dort befriedigen, wo sie sich auf die Aufnahmen Tippenhauers stützt. Vielfach ist sie ganz unrichtig, wie weiter unten noch besprochen werden wird. Völlig unbrauchbar für jede ernste Arbeit in der Republik Haïti ist die große Karte in 1 : 400 000, die C. N. de Moja 1906 herausgegeben hat, obwohl sie vom dominikanischen Kongreß als offizielle Karte anerkannt wurde[3]). Ob der dominikanische Teil wertvoller ist, konnte ich nicht nachprüfen. Ferner käme die im Jahre 1874 von A. Petermann hauptsächlich nach Aufnahmen von Gabb und Schomburgk im Maßstabe 1 : 1 100 000 veröffentlichte Karte der Insel Haïti in Betracht [4]). Die betreffenden Aufnahmen beschränken sich aber fast ausschließlich auf die Republik Domingo, so daß für den haïtianischen Kartenteil dasselbe wie für die französische Karte gilt. Auch die bis vor kurzem vorhandenen Seekarten — englische wie amerikanische — waren gefährliche Hilfsmittel. Man lese darüber einen von der deutschen Seewarte wiedergegebenen Bericht eines amerikanischen

[1]) Service géographique de l'Armée, Amerique 1 000 000 e. Blatt Haïti.

[2]) A, Poujol et H. Thomasset, Carte Physique et Politique de l'Ile d'Haïti, Port-au-Prince 1908. Die Karte enthält noch zwei gute Stadtpläne in 1 : 10 000 von Port-au-Prince und Santo Domingo, ersterer nach den Aufnahmen von Tippenhauer. Ferner werden in zwei Tabellen die Entfernungen zwischen den wichtigsten Orten auf dem Landwege in Kilometern, auf dem Seewege in Seemeilen gegeben. Auch die Entfernungen nach den Haupthäfen der Nachbarinseln, sowie nach New-York, Havre, Hamburg usw. sind berechnet.

[3]) Casimiro N. de Moya, Mapa de la Isla de Santo Domingo y Haïti 1: 400 000. Officialmente adaptado por Resolucion del Congreso Nacional Dominicano fecha 18. Mayo de 1905. Hamburg 1906.

[4]) Pet. Mitt. 1874, S. 321, mit Begleitworten von O. Koffmahn.

Offiziers für die Strecke Port-au-Prince—Cap-Haïtien[1]). Es finden sich Sätze wie: „die Küste ist in Wirklichkeit ganz anders", oder „so würden die Schiffe 2 Sm nördlich von Pierre Head auf Land laufen". Ich selbst konnte bei der Ausfahrt aus Les Cayes an der Südküste starke Fehler der Kartenumrisse beobachten.

Es ist aber jetzt der Küstenumriß Nordwesthaïtis auf einer neu aufgenommenen amerikanischen Seekarte vorhanden und diese wurde bei der Zeichnung unserer Karte sehr wertvoll. Für den Umriß, der auch von den älteren Seekarten, soweit sie eingesehen werden konnten, häufig abweicht, wurde diese amerikanische Karte als ausschlaggebend betrachtet und ihr unsere Aufnahme mit Hilfe der vier am Meere liegenden und von uns berührten Punkte eingepaßt. Die vier Orte und ihre genauen Lagen sind:

1) Anse Rouge ..... 19° 39′ N 73° 4′ 10″ W
2) Baie-de-Henne ... 19° 41′ N 73° 13′ 20″ W
3) Plattform .... 19° 39′ N 73° 23′ W
4) Môle-St. Nicolas.. 19° 49′ 10″ N 73° 23′ W

Im Osten schließt sich die Karte in 72°55′ W. dort wo der Columbierfluß aus dem Terre-Neuvetal heraus nach Süden zum Meere abbiegt, an die früher von Tippenhauer aufgenommene Karte „Geologische Karte der Eruptionszone von Terre-Neuve" an[2]) (Fig. 3). Unsere ursprüngliche Absicht, hier auf dem Rückwege von Anse Rouge die Mündung des Columbierflusses aufzusuchen, konnten wir nicht ausführen, da unsere Tiere zusammenbrachen, und wir deshalb in einem Segler nach Gonaïves zurückkehren mußten. Ferner fehlt ein Stück von etwa 2 Wegstunden (7 Kilometer, Weg z. T. stark steigend) beim Aufstieg nach Mare Rouge, da es in der Dunkelheit und im Nebel zurückgelegt werden mußte. Doch war es am nächsten Tage möglich, kurz hinter der Übernachtungsstelle auf dem höchsten Punkte der Route einen weiten Überblick auch rückwärts mit sehr guten Fernpeilungen, darunter die Tortuga-Insel und Küstenpunkte, die auf der Seekarte festgelegt sind, zu gewinnen. Außerdem erreichten wir wieder Anse Rouge, das bereits auf dem Hinweg berührt war, so daß der Anschluß keine Schwierigkeiten machte.

Zur Aufnahme selbst wurden Kompaß[3]) und Uhr benutzt. Die Reitgeschwindigkeit wurde dabei nach den langjährigen Reiseerfah-

---

[1]) „Der Pilote", neue Folge, 1904, Heft 19, S. 118 ff.

[2]) Peterm. Mitt. 1901, S. 193.

[3]) Der Kompaß war ein Fluidkompaß des Seminars für Geographie am Kolonialinstitut Hamburg, der sich vorzüglich bewährte.

rungen Tippenhauers verschieden gewertet, für ebenes, schwach- und stark geneigtes Terrain, Auf- und Abstieg. An wichtigen Punkten erfolgten Höhenbestimmungen mit einem Aneroid. Außerdem wurden fortlaufend die Höhenunterschiede mit einem kompensierten Taschenaneroid beobachtet. Die Isohypsen — von 50 zu 50 m — machen natürlich nur direkt an der Route Anspruch auf Genauigkeit und geben sonst nur das Bild nach Ansicht und Peilung wieder. Sehr günstig erwies sich der Umstand, daß wiederholt Ablesungen

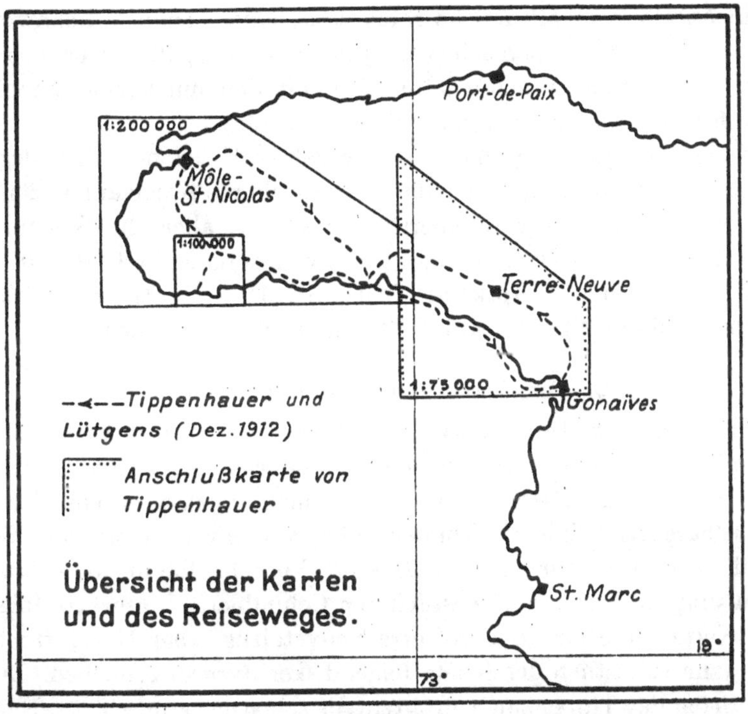

Fig. 3.

am Meeresspiegel möglich waren, und daß die Basisstation Port-au-Prince[1]) zur Verfügung stand. Vergleiche der Aneroide mit Siedethermometer und kürzlich geprüften Quecksilberbarometern auf deutschen Schiffen erfolgten mehrfach.

Über die Namen auf der Karte ist zu bemerken, daß sie die an Ort und Stelle von den Einwohnern benutzten sind. So erklärt es sich, daß z. B. ein höherer Bergzug in der Gegend nur „la montagne“

[1]) Bulletin Semestriel de l'Observatoire Météorologique du Séminaire Collège de St. Martial, Port-au-Prince, Haïti.

heißt und daß allgemeine Bezeichnungen häufig wiederkehren. Übersetzungen sind vermieden, damit die Karte auch in dieser Beziehung mit den anderen Karten übereinstimmt und die Einheitlichkeit für eine spätere Gesamtkarte nicht leidet. Lediglich die häufig in der Arbeit vorkommende „Plateforme" ist im Text verdeutscht. Die Namen selbst entstammen meistens dem landesüblichen „Créole", das die alleinige Sprache des Hauptteils der Bevölkerung ist. Französisch ist lediglich die Sprache der Regierung und einer kleineren Oberschicht. Créole ist ein stark verdorbenes und vereinfachtes Französisch, vor allem Südfranzösisch, mit manchen Lehnworten indianischen und spanischen Ursprungs vermengt[1]). Der neu ins Land kommende Franzose kann sich mit den nur Créole sprechenden Einwohnern nicht verständigen.

Nach Fertigstellung der Arbeit ergab sich bei der Drucklegung die Notwendigkeit, die in 1 : 100 000 gezeichnete Karte auf 1 : 200 000 zur Wiedergabe zu verkleinern. Es konnte aber die Gegend des Plattformvulkans im Text eine Kartenwiedergabe in 1: 100 000, die hier die auf der Hauptkarte fehlenden Daten enthält, erfahren. Ferner mußten eine Anzahl Bilder in Fortfall kommen.

2. Von Terre-Neuve bis Bombardopolis.

Der Weg von Terre-Neuve nach Gonaïves über den Paß Bivac Dumuraille und ebenso der von Gros-Morne nur wenig westlicher sich hinziehende Parallelweg weichen nicht allzustark von der unmittelbaren Luftlinie ab, kommen aber als schwer benutzbare Bergpfade praktisch für einen stärkeren Verkehr kaum in Betracht. Man umgeht besser nordwestlich den Columbierfluß abwärts folgend die Ketten, die den Bassin-Terre-Neuvetalzug vom Meere trennen, um dann südöstlich der Küste folgend Gonaïves zu erreichen. Auch wir ritten das Tippenhauer größtenteils schon bekannte Terre-Neuvetal abwärts. Der Columbierfluß hat sich vielfach tief in den Kalk eingeschnitten und bildet besonders 1—2 Wegstunden unterhalb Terre-Neuve auch große Schleifen. Da der Weg meist in der Talsohle unmittelbar am Fluße entlangführt, so muß bei jeder Schleife der Fluß durchschritten werden, da das Wasser an der steilwandigen Prallseite keinen Raum für den Verkehr läßt. Das geschieht rund 20 Mal, und es dürfte auch diese Verbindung des Erzgebietes von Terre-Neuve mit der Außenwelt nach stärkeren Regenfällen stets un-

---

[1]) Siehe die Ausführungen Tippenhauers in: Die Insel Haïti, S. 474ff.

möglich sein. Es ist eben in Haïti überall dasselbe Bild primitivster Verkehrsverhältnisse, die jede Ausnützung wirtschaftlicher Möglichkeiten verhindern. Aus sich selbst heraus unternimmt der Neger nichts[1]).

Der Ausgang des Terre-Neuvetales weitet sich plötzlich. Hier empfängt der Columbierfluß von Norden die Rivière Bras-à-Droite und biegt dann rechtwinklig nach Süden ab. Wir folgten ihm nur noch kurze Zeit, um dann wieder die alte Richtung westwärts aufzunehmen und nachmittags die heißen Quellen von Boynes zu erreichen. Eine Anzahl kleiner Sprudel entquillt mit schwach schwefelhaltigem Wasser und Temperaturen zwischen 47.5 und 52.5° C dem Boden. Die Quellen sind seit 200 Jahren bekannt und in früheren Zeiten wegen ihrer Heilwirkungen berühmt und besucht gewesen. „Seit 1772 hat man Bäder, bequeme Krankenwohnungen und ein Spital für Soldaten und Matrosen dort angelegt.“[2]) 1786 gab es sogar einen „Direktor der Thermalquellen“[3]). Jetzt sind einige Mauertrümmer der Badeeinfassungen die letzten Reste alter Herrlichkeit und einige einfache Sonnenschutzdächer aus Laub die Anzeichen, daß gelegentlich die Quellen noch besucht werden; allerdings nur aus der Umgebung.

Die Mineralquellen liegen 74 m hoch, die Vegetation zeigt nicht mehr die Üppigkeit des Terre-Neuvetales, aber noch finden sich hochragende Palmen und kleine Pflanzungen. Bataten, Mais und Bohnen waren zu erhalten. Südlich und westlich vor uns dehnte sich jetzt aber eine flache Senke aus, staubgrau schimmernd und nur mit gelegentlichen dunklen Flecken. Zur Rechten und in der Ferne ragten die Berge auf. Es war die große Ebene von Port-à-Piment[4]), eine alte jetzt aufgefüllte Meeresbucht, von der auf den vorhandenen Karten der Republik auch keine Andeutung enthalten ist. Die Ebene senkt sich mit einem sehr geringen Gefälle nach Südosten zum Meere, an das sie hier unmittelbar grenzt. Weiter

---

[1]) Ztschr. Ges. Erdk. Berlin 1914, S. 779 ff. Über Verkehrswege siehe auch unten S. 65 und 68.

[2]) Übersicht der politischen Lage und des Handelszustandes von St. Domingo. Aus dem Französischen d. Abts Raynal, Leipzig 1788, S. 63.

[3]) Moreau St. Méry, Description topographique, physique usw. de la partie française de l'Isle Saint-Domingue Philad. 1793.

[4]) Der „Pfefferhafen“ und ebenso der kleine Pfefferhafen sind keine erwähnenswerten Siedlungen, sondern lediglich zwei kleine Küsteneinschnitte westsüdwestlich von Boynes. Einige Salzgärten finden sich allerdings auch hier vor.

im Südwesten lassen allmählich höher und breiter werdende Kalkhügelzüge eine Trennung eintreten.

Das Gebiet liegt durch die hohen nördlichen Bergzüge gegen den Nordostpassat gedeckt völlig im Regenschatten und so findet sich hier, wie auch fast an der ganzen Süd- und Südwestseite der Halbinsel eine beinahe wüstenhafte Landschaft (Fig. 1). Wenige Kakteen und Dornakazien, darunter anfangs besonders die Bayahondakazie (Acacia juliflora), sind die Vertreter der Pflanzenwelt. Viele Stunden lang entdeckt man kein Wasserloch und die Besiedlung der großen weiten Flächen beschränkt sich auf einige wenige Menschen, die, wie ihre Ziegen, nur in kärglichster Weise ihr Leben fristen, Der Boden ähnelt ganz dem der großen zentralen Savanne, deren geologische Geschichte[1]) er teilt, und besteht zur Hauptsache aus tonigen, aber auch sandigen und kalkigen Bildungen, gelegentlich von lockerer Konglomeratstruktur. Muschel- und Korallenbreccien sind vorhanden und die Oberfläche ist mit Kalkgeröll und Staub bedeckt. Vereinzelt finden sich auch einige Andesit- und Dioritgerölle. Auf einer kleinen Geröllanschwellung, in der Mitte des Gebietes, etwa 20 m über dem Meere, steht eine armselige Bretterbude, die als Kapelle dient und eine Hütte, die gelegentlich der Priester von Terre-Neuve besucht (Abb. 3, Taf. II). Hier konnten wir wenigstens die Nacht verbringen und für uns eine Suppe von gedörrtem Ziegenfleisch und etwas schmutziges Wasser bekommen. Die Pferde mußten Dornen nagen und dursten.

Um einen Ort mit Wasser zu erreichen, schlugen wir deshalb am nächsten Tage die Richtung zur Küste ein. Es war das auf der französischen Karte und ebenso auf der von Petermann überhaupt nicht angegebene Anse Rouge, ein ödes sandiges Nest, am flachen buchtlosen Strande, das völlig ausgestorben schien. Nur aus der Dorfkommandantur, an deren Eingang ein Gewehr lehnte, drangen Schnarchtöne. Es gelang uns aber nicht den Herrn General, an den wir Briefe hatten, zu wecken. Wie wir beim Friedensrichter,[2]) wo wir dann Aufnahme fanden, erfuhren, war am Tage und in der Nacht eines der beliebten Feste gewesen und nun schlief tatsächlich fast alles. Der Friedensrichter war auch der Kaufmann des Ortes, dem die Landleute weit aus dem Gebirge her ihre Erzeugnisse, vor allem Kaffee, brachten. Der

[1]) Siehe darüber weiter unten S. 79.

[2]) Der haïtianische Juge de paix ist unserem Dorfschulzen vergleichbar, der Ortskommandant dagegen militärischer Vertreter der Regierung.

Kaffee geht dann von hier mit den kleinen Küstenseglern nach Gonaïves zur Verschiffung. Wir trafen später auf dem Rückwege von Môle nach Anse Rouge ganze Karawanen mit Kind und Kegel, da die Märkte von Anse Rouge die besuchtesten der Südküste der Halbinsel sind. Die ortsansässige Bevölkerung von Anse Rouge beträgt etwa 200 Köpfe.

Wir selbst wandten uns nun am Meer entlang nach Baje-de-Henne. Die Küste ist anfangs überwiegend nur 10—20 m hohe Steilküste aus Korallenkalk, auf deren Kliffhöhe der Weg führt. Später steigt er bis 60 m Höhe an, um dann wieder tief eingeschnittene Schluchten zu queren und bis auf das Meeresniveau abzufallen. Einmal beim Estère — einem Strandsumpf — muß man sogar mit Hilfe der in der Nähe hausenden Fischer in Booten eine schmale Bucht übersetzen und die Pferde und Maulesel hindurchschwimmen lassen. Es scheint hier durch unterirdische Auslaugung des Kalkes ein Hohlraum entstanden zu sein — vielleicht schon unter Mitwirkung des eindringenden Meerwassers —, der nach seinem Einsturze durch die Tätigkeit des Meeres erweitert ist. Das ganze Wegstück war, in Glut und Kalkstaub, bei Vegetationslosigkeit bis auf einige Kakteen und gelegentliches Dorngestrüpp, für uns und die schwerbepackten Tiere eine große Anstrengung. Es war wieder einmal ein „Weg", dem keinerlei Verkehrsbedeutung zukommen kann und an dem am besten ein Schild mit „Verboten" stehen würde. Dabei ist es die einzige in Betracht kommende Landverbindung nach Baie-de-Henne. Wasser gab es nirgends, da nur nach den seltenen Regenfällen in den Gebirgsschluchten Wasser herabbraust, aber auch dann das Meer nur in Ausnahmefällen erreicht. Die Paar Fischerhütten am Wege, eine sogar mit dem allen tatsächlichen Verhältnissen Hohn sprechenden Namen „Kleines Paradies" scheinen einem wie ein Schemen vorzukommen. Auch das Tierleben ist, soweit größere Vertreter in Betracht kommen, in dem ganzen Gebiet sehr ärmlich. Eidechsen, einige Schmetterlinge, gelegentlich eine kleine Schlange und von Vögeln ein Specht, sowie Raben, war alles was beobachtet werden konnte; abgesehen natürlich von den bekannten und allgemein verbreiteten Quälgeistern Mosquiten, Ungeziefer, Ratten.

Während der letzten 6—7 Kilometer vor Baie-de-Henne ist ein breiterer, flacher Küstensaum, ein Korallensandstrand, den immer höher ansteigenden Bergzügen vorgelagert. Es kommt zu kleinen Lagunenbildungen, die der Mensch zur Anlage großer Salzgärten benutzt hat. So muß das hier sonst ganz ertragslose Gebiet doch etwas bieten, und zusammen mit früher erwähnten kleineren Salinen, die sich bis südlich Gonaïves und bis zum Artibonite finden, fast das ganze Land mit diesem wichtigen Bedarfsartikel versorgen. Die Gestehungskosten sind sehr gering, die Fracht auf den Küstenboten ebenfalls. Sonst wäre auch der Wettbewerb mit auswärtigem Salz unmöglich. Aber hier muß der Neger arbeiten, wenn er nicht verhungern will.

Baie-de-Henne, an einer flachen, gegen Nordwinde leidlichen Schutz gewährenden Bucht gelegen, bot ein etwas freundlicheres Bild, da die Vegetation nicht ganz fehlte und besonders in Gestalt hochragender Kokospalmen das Auge erfreuten. Auch wurden wir hier gut aufgenommen und mit Lebens- und Futtermitteln, die hierher aus den Bergen kommen, ausreichend versorgt. Der Ort hat wenige hundert Einwohner — der ganze Bezirk Baie-de-Henne soll nach den wohl viel zu hohen Angaben des Kommandanten rund 5000 haben — die von Fischfang, Salzgewinnung und besonders auch dem Export des in den Bergen vorkommenden Gayak (Pockholz, Guajacum offizinale) leben.

Die Bucht von Baie-de-Henne zieht sich als allseitig von höheren steilen Bergzügen eingefaßtes 1—2 km breites Tal verhältnismäßig weit in das Gebirge hinein und zwar bezeichnender Weise in nordwestliche Richtung. Die Sohle bildet das breite Trockenbett des Baie-de-Hennebaches, der nach seltenen Regenfällen westlich des Ortes, — nicht östlich, wie es die Karte von Poujol und Thomasset zeigt — ins Meer mündet. Seit 1898 ist das allerdings noch nicht wieder geschehen, jedoch enthalten einige Brunnen in dem Trockenbett und an den Talhängen Wasser. Überhaupt hatte sich bisher schon ergeben, daß die vorhandenen Karten völlig falsch waren. Ganz abgesehen von der nirgends angedeuteten großen Ebene von Port-à-Piment, durchzieht auch kein einheitlicher Gebirgszug die ganze Halbinsel in der Richtung ihrer Achse von Ost nach West. Es sind vielmehr eine Anzahl kürzerer Ketten, die, unter sich parallel und gegeneinander vielfach scharf abgesetzt, so daß niedrige Übergänge, z. B. von Anse Rouge nach Jean-Rabel vorhanden sind, von annähernd Südost nach Nordwest streichen. Sie folgen also charakteristischer Weise dem allgemeinen Gebirgsstreichen Haïtis, das hier zur Küstenlinie im Gegensatz steht. Zwischen zwei der Ketten schiebt sich die erwähnte Ebene von Port-à-Piment wieder in der allgemeinen Streichrichtung vom Meere aus tief hinein, und auch das Tal von Baie-de-

Henne hat fast dieselbe Richtung. Nur statt der letzten Kette haben wir, wie die nächsten Tage ergaben, im Westen eine Hochebene, die von Bombardopolis, die rund 500 m Höhe besitzt und nach den drei Außenseiten znm Meere steil abbricht. Auch sie fehlt auf den bisherigen Karten. Ihre Abstürze nach Südost zur Bucht von Henne zeigen eine scharf ausgeprägte Terrassenbildung (Fig. 4), deren Eigenart noch besprochen werden wird.

Unser eigentliches nächstes Ziel war aber nicht Bombardopolis, sondern die Südwestecke der Halbinsel, wo sich ein auch in den

Fig. 4.

seemännischen Küstenbeschreibungen unter dem Namen Plattform angegebener tischähnlicher Hügel findet. Da das Einlaufen in haïtianische Häfen nur am Tage gestattet ist — übrigens auch Nachts bei dem fast völligen Fehlen von genauen Karten, Seezeichen und guten Lotsen gefährlich wäre, — so suchen die Schiffe die Häfen ln den ersten Morgenstunden zu erreichen und sind deshalb stets Nachts unterwegs. Gerade von Cap-Haïtien und Port-de-Paix nach Gonaïves und umgekehrt bekommt man selten etwas von der Küste zu sehen. Nur einmal war es Tippenhauer auf einem Kriegsschiff geglückt, den Nordwesten bei Tage zu umfahren und dabei in der Nähe der Plattform ein Gebilde zu erblicken, das man aus der Entfernung für einen Krater halten konnte. Diese Frage sollte geklärt werden, da ein geologisch junger Vulkan auf den Großen Antillen von größter

Bedeutung war, und Spuren jungvulkanischer Erscheinungen auch an der Nordküste Jamaicas verfolgt wurden[1]).

Um nun diese Plattform zu erreichen, stand uns angeblich ein Weg an der Küste zur Verfügung. Da uns aber niemand führen oder näheres angeben wollte bezw. konnte, so beschlossen wir nach den Erfahrungen auf dem Wege von Anse Rouge lieber zunächst nach Bombardopolis zu gehen. Letzteres wurde uns in Baie-de-Henne in verlockenden Farben geschildert, während im übrigen Haïti diese ganze Gegend der inneren und südlichen Nordwesthalbinsel als Wüste und fast unbewohnt galt. Daß hinter den Bergen von Terre-Neuve noch Menschen wohnen, glaubten die Wenigsten.

Doch auch der Weg nach Bombardopolis sucht selbst in Haïti seinesgleichen. Die „Hundeberge" genannten Hänge, die er erklimmt,

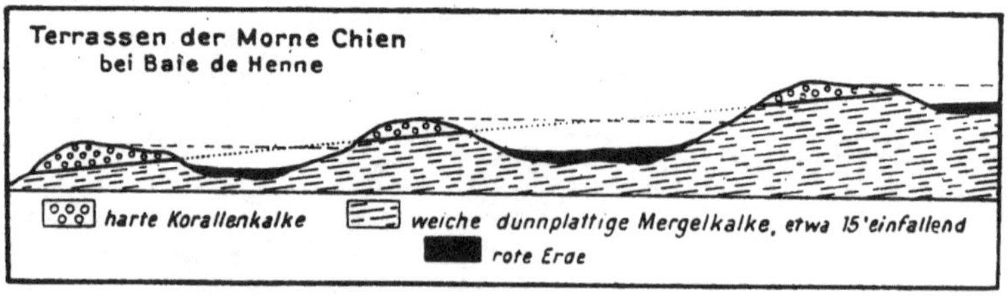

Fig. 5.

tragen ihren Namen mit vollem Recht. Abgesehen von der Steilheit erschwert auch die Gesteinsbildung und Lagerung den Aufstieg und unterbrach ihn wiederholt. Es finden sich den Aufstieg kreuzend und der Küsten- und Tallinie parallel langgezogene Einsenkungen, deren Hänge aus weichem, kreidigen und sandigen, ungefähr 15 Grad geneigten, plattigen Mergelkalken bestehen, die überlagert sind von harten ausgewaschenen Korallenkalkbuckeln. In den Mulden liegt zusammengeschwemmte rote, lehmige Verwitterungserde (Fig. 5). Da mit Sicherheit an der ganzen Nordwesthalbinsel wie auch an vielen anderen Stellen Haïtis umfangreiche Hebungen[2]) nachzuweisen sind, so dürfte wohl die folgende Erklärung für die Entstehung dieser Formen zutreffen. Es sind zwischen den Hebungen in den Zeiten relativen Stillstands der Bewegungen strandterrassenartige Flächen in den deckenden schwach geneigten und harten Korallenkalk eingeschnitten. Dadurch sind die liegenden weichen Plattenmergel bloßgelegt und nun in diesen der Verwitterung und

[1]) Siehe Fußnote 2. S. 82.

[2]) Vergleiche S. 81.

Abtragung freie Bahn geschaffen. So entstanden die Mulden, in denen sich dann Verwitterungserden ansammelten. Von Baie-de-Henne aus hat man auch völlig den Eindruck von Strandterrassen. Abgesehen von der geringen Neigung von 15 Grad, die die Schichten der Hundeberge aufweisen, liegen im allgemeinen die Schichten des ganzen bereisten Gebietes annähernd horizontal. Um so bemerkenswerter sind die Ausnahmen, auf die wir später stoßen werden.

Schon während des Aufstieges war die Vegetationsbedeckung des vorher kahlen Bodens allmählich stärker geworden, wenn auch zunächst meist Blau- und Pockholz, die noch die Trockenheit lieben, in größerer Menge auftraten. Als wir dann aber in rund 400 m Höhe den sanften oberen Plateauabfall betraten, da zeigte sich, daß man uns in Baie-de-Henne nicht belogen hatte. Üppigster Pflanzenwuchs auf gutem Boden umgab uns überraschender Weise. Zwar bildeten Korallenkalke den Untergrund, aber darüber fand sich eine, wenn auch häufig wenig mächtige, rötliche Verwitterungserde von großer Fruchtbarkeit, die auch Verwitterungsmassen vulkanischer Gesteine zu enthalten schien. Beim Aufstieg in den Hundebergen sowie vor Bombardopolis fanden sich auch Spuren stark verwitterter Andesitlava vor.

Auf der ausgedehnten und ziemlich gleichförmigen Hochflächewird alles gewonnen, was man sonst in Haïti in gleichen Höhenlagen erzeugt. Im wesentlichen dienen die Erzeugnisse allerdings dem Eigenverbrauch. Ich sah aber auch — und zwar das einzige Mal in Haïti —größere Anpflanzungen der Latanierpalme (Chamaerops antillarum), die sonst nur wild vorkommt. Die Blattfächer, die Bast, Dachdeckmaterial usw. liefern, wurden in Môle mit 1 Cent (haïtianisch = 1,3 ₰ 1913) das Stück bezahlt. Auch die Kokospalme kam hier in rund 500 m Höhe noch zahlreich vor. Ihr sagte wohl der Korallenboden besonders zu, da sie sonst nicht so hoch steigt. Vor allem fielen aber die reichen Mahagonihaine (Switenia mahagoni) ins Auge, die einen Vergleich mit den berühmten Wäldern der inneren Ebene nicht zu scheuen brauchen. Ihre Verwertung ist z. Z. natürlich völlig ausgeschlossen, da jede Möglichkeit sie herabzubringen fehlt. Allerdings fehlen auch alte und sehr umfangreiche Stämme fast ganz. Wir hörten, daß in den 70er Jahren ein Orkan unter den Baumgewächsen große Verwüstungen angerichtet haben soll.

Die Niederschläge in Form von Regen, die auf der Süd- und Westseite der Halbinsel gering sind und als Folge die Halbwüsten haben, sind auch auf der Hochfläche, wo sie im Herbste fallen, nicht viel stärker und dürften 500 mm im Jahre nur wenig überschreiten, falls sie nicht überhaupt darunter bleiben. Da aber bei der Höhenlage die Abkühlung Nachts — und infolgedessen die Feuchtigkeit — sehr beträchtlich ist, so tritt ungewöhnlich starke Taubildung ein, die für die Pflanzenwelt bis zu einem gewissen Grade Ersatz für den Regen bildet. Die Temperaturen erreichten bei unserer Anwesenheit Mittags 28—30° C, während sie Nachts auf 15—16° sanken. Morgens bildete vielfach der abgetröpfelte Tau Wasserlachen.

Diese Niederschlagsverhältnisse, unterstützt noch von dem durchlässigen Kalkboden, lassen auf der Hochfläche fließendes Wasser eine seltene Erscheinung sein. Wir sahen nur an einer Stelle, eine Viertelstunde südlich von Bombardopolis, eine größere Quelle, deren Abfluß aber auch bald wieder versickerte. Sonst entspringen die Quellen an den nördlichen Hängen erst in mittlerer Höhe. Im allgemeinen dürften die liegenden Mergelkalke hier den Quellhorizont abgeben. Fast alles Wasser, so auch das des Môleflusses, versiegt aber vor dem Erreichen des Meeres in dem Korallensandboden der Küstenflächen. In der Kolonialzeit hatte man auf der Hochfläche zahlreiche Zisternen angelegt. Jetzt nicht mehr benutzbare Reste fanden wir verschiedentlich, besonders im letzten Teil des Anstieges nach Bombardopolis.

Die Bevölkerung, die uns sehr gut aufnahm, so daß wir hier für mehrere Tage unserer Standquartier aufschlagen konnten, ist unter den geschilderten günstigen Umständen verhältnismäßig dicht. Während wir an anderer Stelle als runde Gesamtzahl der Bevölkerung der Gemeinde Bombardopolis 10 000 Köpfe erhielten, gab uns hier der General selbst folgende genauere (?) Zahlen:

1. Stadt Bombardopolis		450	Köpfe
2. Land	I. Sektion	2279	,,
	II. Sektion	2339	,,
	III. Sektion	2554	,,
	Gesamt	7893	Köpfe

Wenn wir das Gebiet auf rund 150 Quadratkilometer schätzen, so würden rund 50 Köpfe auf den Quadratkilometer kommen, eine Zahl, die ich noch für reichlich hoch halte[1]).

[1]) Genaue Angaben über die Bevölkerungszahl gibt es überhaupt nicht. Die letzte Schätzung der Regierung ist 2,5 Millionen, eine Zahl, die viel zu hoch scheint. Sievers gibt sie in der neuesten Auflage seines Süd- und Mittelamerika wieder. Richtiger, vielleicht aber auch noch zu hoch, werden die Angaben der Geistlichen sein, da sie von tatsächlichen Unterlagen ausgehen.

Der Ort selbst machte einen freundlichen Eindruck, da ganz gut gebaute und weiß gekalkte Häuser vorhanden waren. Uns wurde ein gerade neu erbautes eingeräumt, wo uns dann jeden Morgen die 4 Mann starke Militärkapelle ein gut gemeintes Konzert darbrachte. An dem Kommandanturplatz, der wie stets in Haïti die Fahnenstange mit der großen Flagge der Republik aufweist, steht auch ein größeres Gebäude, das bei Anwesenheit eines Priesters als Kapelle dient. Sonst finden noch auf dem Platz die Hahnenkämpfe statt, zu denen die Eigner tüchtiger Kampfhähne aus der ganzen Umgegend kommen. Es wird stark gewettet, aber die Leidenschaft erhitzt die Köpfe doch nicht so, wie man es häufig im spanischen Süd- und Mittel-Amerika sieht.

In Bombardopolis hatte übrigens im 18. und in der ersten Hälfte des 19. Jahrhunderts eine deutsch-schweizerische Kolonie bestanden. Die Kolonisten sollen mit 2400 Köpfen 1763[1]) hingekommen sein und sich anfangs dort nicht gerade wohl gefühlt haben. Ein Teil wanderte bald nach Louisiana weiter[2]). Jedoch hielten auch Teile aus und müssen in einem gewissen Gegensatz zu den Franzosen gestanden haben. Denn als in den Revolutions- und Unabhängigkeitskriegen die Franzosen getötet oder vertrieben wurden, ließ man die Deutschen als Nichtfranzosen ungestört, verlieh ihnen sogar als Ehrung den Titel „Neger"[3]) Eine Zuwanderung blieb dann aber ganz aus, und infolgedessen trat Vermischung mit den Negern ein. Der letzte Weiße soll in den 70er Jahren gestorben sein. Jetzt deuten nur noch einige hakennasige und blauäugige Neger mit Namen wie Frey, Hann, Raunegg die letzten Spuren germanischen Blutes an.

Sie fußen auf die Zahl der Taufen bezw. Geburten und nehmen dann mindestens 40 auf 1000 Bewohner an. Danach ist die neueste Zahl nach dem Bulletin Religieux d'Haïti für 1912 fast 2 Millionen. Bezeichnend ist, daß das Gebiet von Gonaïves und der Nordwesthalbinsel die niedrigsten Zahlen aufweist:

Erzbistum Port-au-Prince	rund	700 000
Bistum Cayes	„	521 000
Bistum Cap-Haïtien	„	406 000
Bistum Gonaïves	„	235 000
Bistum Port-de-Paix	„	74 000
	Gesamt	1 936 000

[1]) Raynal, Übersicht der politischen Lage und des Handelszustandes von St. Domingo, Leipzig 1788, S. 64.

[2]) Reclus, Nouv. Géogr. Univ. Bd. XVII. Indes Occidentales S. 758.

[3]) Fr. Sundstral, Aus der Schwarzen Republik, Leipzig 1903, S. 258.

3. Der Plattformvulkan.

Die Hochfläche von Bombardopolis — „la Bombarde“ sagen auch vielfach die Anwohner — ist schwach nach Nordwesten geneigt. Der Ort liegt 450 m hoch, während der Plateaurand südwestlich davon rund 600 m Höhe erreicht, so daß hier in der Richtung zur Plattform der Abfall am größten ist. Das hatten wir nach den Karten

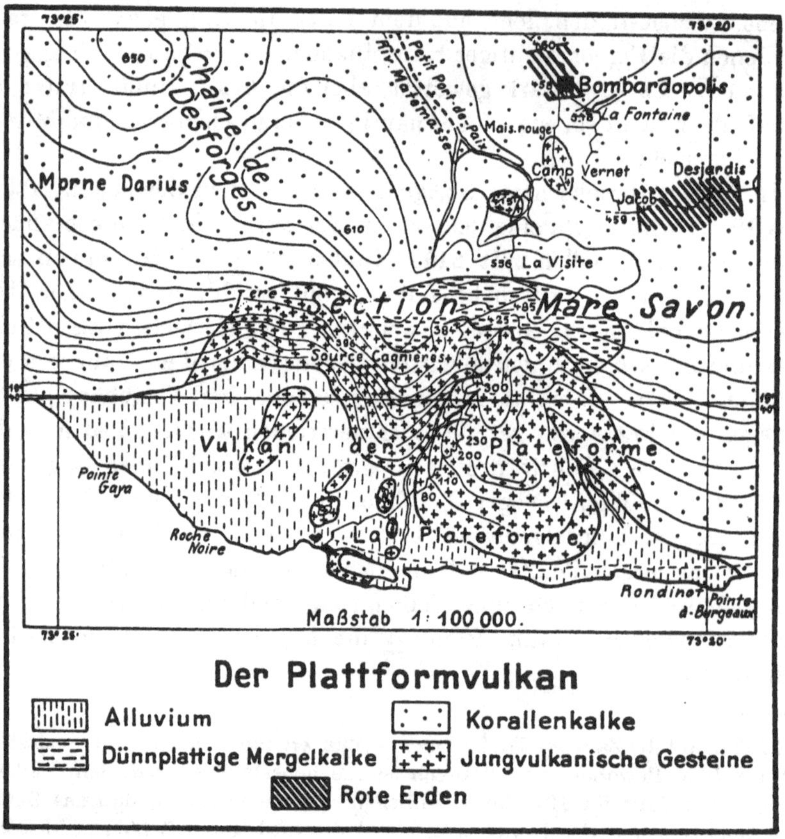

Fig. 6.

auf denen Bombardopolis an der Südabdachung eines nördlich vom Ort kulminierenden Gebirgszuges liegen sollte, nicht erwartet. Als uns nun noch gesagt wurde, daß man zwar zur Plattform hinunter könnte, der Abstieg aber selbst für den in dieser Beziehung nicht verwöhnten Haïtianer ein gefahrvolles Unternehmen sei, da bereuten wir es doch, nicht direkt von Baie-de-Henne einen Versuch gemacht zu haben. Zum Glück konnte uns der Kommandant einen seiner

Untergeneräle, der den Weg kannte, und uns für ein Trinkgeld von 4 G. = 3 M. gern führte, mitgeben.

Früh morgens brachen wir auf. Der zunächst schwach ansteigende Pfad führte wie am Tage vorher über ganz junge flachliegende Korallenkalke, bis plötzlich der Abbruch zum Meere kam, das 600 m tiefer vor uns lag. Begrenzt war es von einer halbkreisförmigen Ebene, aus der sich schwarze runde Hügel scharf abhoben. Auch ein tischartiges, oben flaches Gebilde unmittelbar am Meer war erkennbar, unser Ziel — die Plattform. Die Steilheit der Hänge war so groß, daß die klettergewohnten haïtianischen Bergpferde nur mit Gewalt hinabzubringen waren. Übrigens hatte auch in dem Augenblick, als der Abstieg begann, die Vegetation ihr Bild völlig verändert. Die typischen Vertreter der Trockenflora ge-

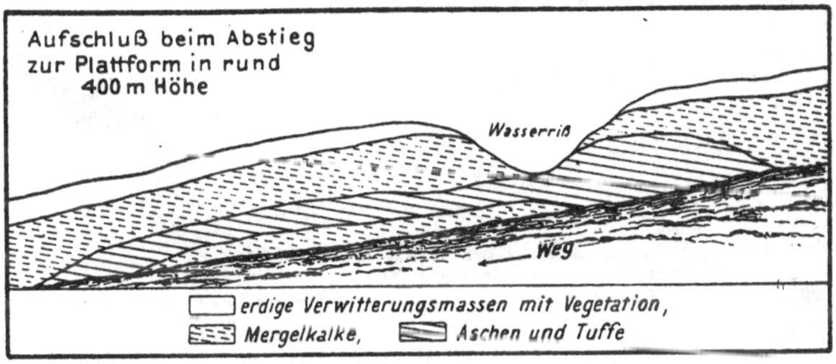

Fig. 7.

wannen sofort die Überhand, bis schließlich nur noch Agaven, Kakteen und Akaziendorngestrüpp in größeren Zwischenräumen den sonst kahlen Boden bedeckten. Auf ihm aber hatten die Pferde überhaupt keinen sicheren Tritt mehr.

In etwa 500 m Höhe, also 100 m höher als beim Aufstieg von Baie-de-Henne, trafen wir das Liegende der jungen Korallenkalke, die dünnplattigen Mergelkalke, die nach den völlig gleichen Ablagerungen an vielen Stellen des Landes zu schließen, dem Pliozän angehören, und in 400 m Höhe fanden wir an Wegeinschnitten und Steilhängen diese Mergelkalke wechsellagernd mit wohlerhaltenen geschichteten vulkanischen Aschen und Lapilli, alles schwach nach Norden einfallend (Fig. 7). Tippenhauer hatte richtig vermutet. Es war der Innenabbruch eines großen Kraters, in den wir hinabstiegen. Je weiter wir kamen, um so schöner und vielseitiger traten die Erscheinungen hervor. Immer häufiger wiederholte sich die Wechsellagerung der

Mergelkalke mit Aschen und Tuffen, deren Mächtigkeit stets zunahm. Unter 300 m Höhe stellten sich dann auch Basalt- und Andesitlaven und Dioritgänge ein. Alles immer wechsellagernd mit den Mergelkalken, die in Berührung mit den Laven vielfach stark metamorphisiert waren. Lockere Massen, meist Aschen, bildeten schließlich den Boden, aus dem stets nach außen einfallende in ursprünglicher Lagertatt gebliebene Aschenhügel sowie die oben erwähnten, nunmehr als Basaltkuppen erkannten Buckel emporragten. Die Abbildung 4 (Taf. II) zeigt in etwa 100 m Höhe aufgenommen den untersten Teil des innersten Hanges mit der charakteristischen Vegetationsbedeckung und den Basalthügeln des Kraterbodens im Hintergrund. Unmittelbar am Meere liegt dann die 40 m hohe Plattform. Sie

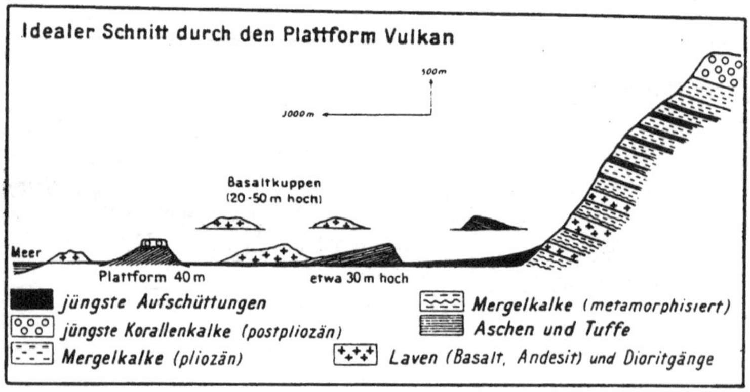

Fig. 8.

stellt einen ursprünglichen Aschenrest vor, über den diskordant eine flache Tafel allerjüngsten Korallenkalkes liegt, so frisch, als sei das Ganze eben erst vor unseren Augen aus dem Meere aufgetaucht. Daneben war noch eine kleine Basaltklippe, die jetzt das Meer umbrandete, erhalten geblieben. An einzelnen Stellen fanden sich ferner noch auf dem Boden Lavamassen, die allem Anschein nach jünger als die großen Aschenauswürfe sind, also vermutlich die letzten Äußerungen des tätigen Vulkanismus darstellen.

Die obenstehende Figur zeigt einen idealen Querschnitt durch den ganzen Vulkan. Die Entfernung vom höchsten Punkt des Weges auf dem Hochflächenrand bis zum Meer bei der Plattform beträgt rund 3 Kilometer. Die Wiedergabe enthält natürlich nur die großen Züge, da zu eingehenden Untersuchungen leider die Zeit fehlte. An die Plattform selbst gelangte ich bis zu der allseitig überhangenden

Korallenkalkplatte. Die Ansicht auf der Tafel III gibt nach Zeichnung an Ort und Stelle und unterstützt durch mehrere Aufnahmen den Blick von der Plattform zum Lande hin. Nur muß man sich das Ganze die Plattform halbkreisförmig umrahmend denken, um von der ganz amphitheatralischen Lage den richtigen Eindruck zu bekommen. Die Schichtung der Aschen ist von einem Punkt etwas nördlich der Plattform aus allseitig nach außen einfallend, so daß hier etwa der ideale Mittelpunkt des ursprünglicken Vulkanberges zu denken ist.

Das Ergebnis ist somit, daß hier auf der Nordwesthalbinsel Haïtis ein großer Vulkan — der halbe erhaltene Kraterberg hat rund 3 Kilometer Durchmesser — gegen Ende der Tertiärzeit bis vermutlich weit in den Beginn des Quartärs hinein tätig gewesen ist. Die letzten Ausbrüche waren nach einer Senkung unterseeisch. Dann siedelten sich Korallen auf dem Vulkan an. Die bis zum Augenblick dauernden Niveauverschiebungen hoben schließlich die eine Hälfte bis 600 m über das Meer, die andere liegt in der Tiefe.

4. Abriß der geologischen Entwicklung Haïtis.

Bei der noch lange nicht vollendeten geologisch-geographischen Erforschung Haïtis und den nicht erschöpfenden Kenntnissen vom Bau der übrigen Großen Antillen läßt sich die Bedeutung des Plattformvulkans für die Gesamtgeschichte nicht voll angeben. Deshalb sei nur in Kürze, zugleich im Zusammenhang mit einem Abriß der geologischen Entwicklung Westhaïtis, auf diese Frage eingegangen. Die folgenden Ausführungen und die tektonisch-geologische Übersichtskarte (Fig. 9) stellen den ersten Versuch dar, ein Gesamtbild des Aufbaues der Republik Haïti in den wesentlichen Zügen zu gewinnen. Sie sind nur ermöglicht durch die Forschungen Tippenhauers und dürften natürlich in Einzelheiten mit der Zeit noch Änderungen erfahren. Einige weitere Aufnahmen Tippenhauers, deren Ergebnisse hier schon benutzt sind, konnten bisher noch nicht fertiggestellt und veröffentlicht werden[1]). Das Gebiet des Grabenbruchs von Port-au-Prince südlich der großen Seen konnte ich selbst mit Herrn Apotheker Buch aus Port-au-

[1]) Es handelt sich um das Gebirgsgebiet, das an den in Peterm. Mitt. 1901, S. 169ff. bekanntgegebenen Teil des La Selle-Gebirges östlich angrenzt. Hier sind Aufnahmen bei der direkt feindseligen Bevölkerung, wie ich leider selbst erfuhr, sehr schwer. Wir wurden damals bei dem Versuch den höchsten Kamm zu erreichen, zur Umkehr gezwungen.

Prince besuchen. Dagegen war mir die dringend erwünschte Untersuchung des La Hotte-Massivs auf der äußersten Südwesthalbinsel von Les Cayes aus während meines dortigen Aufenthalts nicht möglich. Verschiedene Anzeichen sprachen dafür, daß dort gleichfalls jungvulkanische Massen vorkommen. Die Insel Gonave scheint aus Kalk zu bestehen.

Durch Sueß im „Antlitz der Erde" zuerst im großen Gesamtbild gefolgert und durch manche Forschungsergebnisse, besonders die Sappers in Mittelamerika und auf den Kleinen Antillen und von Sievers in Venezuela fester begründet ist die Anschauung von den alten „Kordilleren der Antillen", die in Südmexiko und Mittelamerika in Virgation auseinanderstreben und dann zunächst ostwärts streichend in gewaltigem Bogen sich in Venezuela den Cordilleren Südamerikas anfügen[1]). Sie waren bereits im geologischen Altertum vorhanden, um dann im Mittelalter abgetragen und mit Ablagerungen bedeckt zu werden. Eine neue Faltung des Antillenbogens und darauffolgende Zerstückelung trat im Tertiär, wahrscheinlich im Oligozän bis Miozän, ein[2]). Das Karaïbische Meer sank in die Tiefe, und gleichzeitig setzte lebhafte vulkanische Tätigkeit ein und zwar am östlichen, konkaven Bruchrand, während in der nördlichen bis nordöstlichen Außenzone später mehr oder weniger gehobene jüngere Ablagerungen sich bildeten.

So ergibt sich nach Sueß jetzt für die Antillen eine zonale Anordnung aus drei Teilen. Zunächst eine zentrale, alte Zone aus kristallinen Schiefern mit alten Eruptivgesteinen und angegliederten älteren Sedimenten. Diese Zentralzone läßt sich ostwärts bis zur Osthälfte Guadeloupes verfolgen, und ist in der Tiefe auch noch in Martinique durch einige Auswurfprodukte des Mont Pelé angedeutet. Sie zeigt die engsten Beziehungen zu dem Karaïbischen Gebirge Venezuelas[3]). An sie lagert sich außen die junge Zone aus Kalken, oft jüngsten Korallenkalken bestehend. Nord-Yukatan, Florida, die Baháma-Inseln und die vorgeschobenen Außeninseln der Kleinen Antillen gehören ihr an. Die dritte, die jungvulkanische Innenzone war nur in der Gegend der eigentlichen Umbiegung, also im Nordosten und

---

[1]) Um auf die Ursachen der Gebirgsbildung in Westindien und die Streitpunkte der modernen Theorien in dieser Frage in Einzelheiten einzugehen, fehlt für das Gesamtgebiet das genügende Beobachtungsmaterial völlig.

[2]) Siehe darüber auch R. T. Hill, The Geology und Physical Geoography of Jamaica, Cambridge Mass. U. S. A. 1899, S. 224 für Jamaica.

[3]) Sievers, Süd- und Mittelamerika, Leipzig und Wien 1914, 3. Aufl. S. 452.

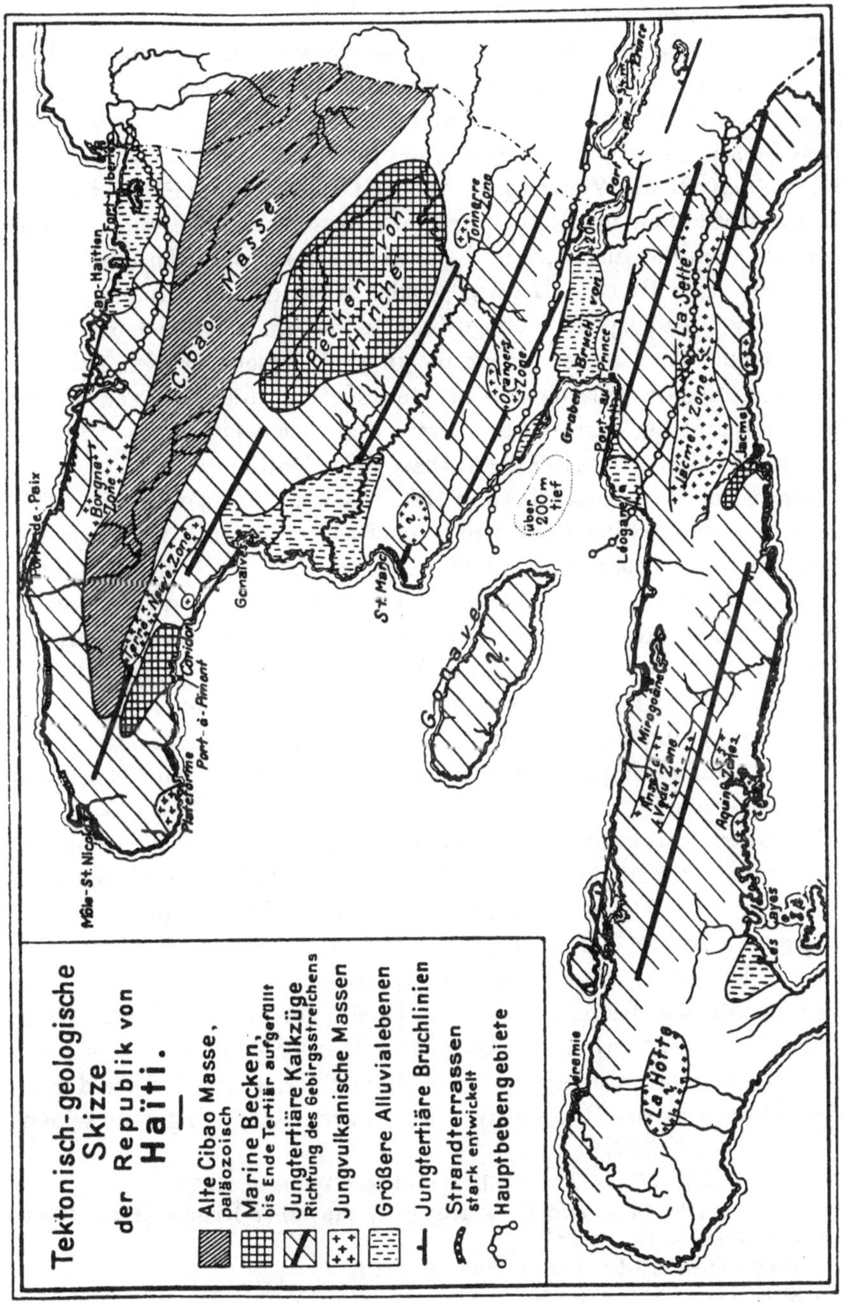
Tektonisch-geologische Skizze der Republik von Haïti.
Alte Cibao Masse, paläozoisch
Marine Becken, bis Ende Tertiär aufgefüllt
Jungtertiäre Kalkzüge Richtung des Gebirgsstreichens
Jungvulkanische Massen
Größere Alluvialebenen
Jungtertiäre Bruchlinien
Strandterrassen stark entwickelt
Hauptbebengebiete
Cibao Masse
Becken von Hinche
Môle-St. Nicolas
Port-à-Piment
Gonaïves
St. Marc
Léogane
Port-au-Prince
Jacmel
Jacmel Zone
La Selle
La Hotte
Miragoane
Aquin
Les Cayes
Cap-Haïtien
Fort-Liberté
Borgne Zone
Tonnerre Zone
Orangerie Zone
Graben
Bruch von Port-au-Prince
über 200 m tief
Gonave

Fig. 9.

Osten vorhanden. Die Kleinen Antillen von Grenada bis Saba mit den vielen bekannten Vulkanen bilden sie.

Als Sueß diese Anschauung formte, waren also von den Großen Antillen, speziell von Haïti, keinerlei jungvulkanische Erscheinungen bekannt. W. M. Gabb[1]), dessen Untersuchungen im Innern und Nordosten Domingos die einzigen waren, auf die Sueß sich für Haïti stützen konnte, bestritt das Vorkommen solcher Gesteine, und R, F. Hill erklärt ausdrücklich noch im Jahre 1898 dasselbe[2]). Die vulkanische Innenzone mußte also fehlen. Erst Sievers[3]) hat dann an der Hand der 1889 von Richard Ludwig wieder wesentlich in Domingo gesammelten Gesteinsproben einige Basalte und Andesite nachgewiesen. Tippenhauer fand als erster große jungvulkanische Massen auf der mittleren Süd-Westhalbinsel, in den Ketten nördlich von Port-au-Prince und bei Terre-Neuve. Jetzt ergab sich ein etwas besserer Einblick in den geologischen Aufbau West-Haïtis.

Den Kern der Gesamtinsel bildet das alte Cibaomassiv, die Mittelzone der Antillenkordilleren von Sueß. Es setzt die zentralen höchsten Ketten zusammen, die in dem dem Hauptzuge etwas südlich vorgelagerten Loma Tina, 3140 m, in Domingo gipfeln, und zieht sich, immer annähernd Südost-Nordwest streichend quer durch die Insel über La Vallière zur Nordwesthalbinsel der Republik Haïti (Fig. 9). Wir konnten es bis nordwestlich Anse Rouge und beim Abstieg von Bombardopolis nach Môle in Spuren nachweisen[4]). Also nicht nur wie Tippenhauer früher annahm, bis zur Senke Gonaïves —Port-de-Paix[5]).

Die stark gefaltenen und verworfenen Gesteine der Cibaomasse sind im wesentlichen kristalline Schiefer. Ton-, Talk-, Fruchtschiefer herrschen vor. Daneben finden sich Granite, Syenite und weniger häufig alte Kalke und Sandsteine, alles mannigfach durch eruptive Massen, besonders Quarzdiorite durchbrochen.

Dieses Massiv, das nach dem wohl bereits vor Ende des Mittelalters erfolgten Untergang des alten Antillenkontinents in seinem haïtianischen Hauptteil als Horst aus dem Meere ragte, lieferte durch seine Abtragung das Material für die tertiären Ablagerungen an seinen

[1]) Transactions of the Am. Phil. S. Vol XV Philadel. 1873.

[2]) R. T. Hill, Cuba and Portorico with the other Islands of the West Indies, London 1898, S. 249.

[3]) Ztschr. Ges. Erdk. Berlin 1898, S. 302 ff

[4]) Siehe weiter unten S. 88.

[5]) Peterm. Mitt., 1899 S. 153.

Küsten. Das geschah natürlich besonders dort, wo seit dem Mitteltertiär Einbruchsbuchten, die wohl im Zusammenhang mit der weiteren Zerstückelung im Mitteltertiär standen und fast stets die alte Gebirgsrichtung scharf innehielten, sich tief in seine Flanken hineinzogen. Die große innere Savanne von Hinche an der Ostgrenze der Republik und die Ebene des Pfefferhafens sind solche bisher bekannt gewordene große Einbruchsbuchten. Auch das kleine Becken von Jacmel an der Südküste, das sich auch südost-nordwestwärts in das Land zieht, ist ähnlich gegen Ende des Tertiär entstanden.

Alle diese Becken wurden ausgefüllt. Die Ablagerungen bestehen in den unteren Lagen bei dem Becken des Nordens und des Innern vorwiegend aus Tonen und später verfestigten Sanden und Konglomeraten, in den oberen mehr aus mergeligen Schichten mit Austern und Strandmuscheln und Zwischenschichten von Lignit. Letztere, zweifellos Mangrovesümpfen entstammend, finden sich vor allem in dem großen inneren Becken von Hinche bei Maïssade stark entwickelt. Alte Strandlinien kommen in der Beckenumrahmung mehrfach vor, auch ist das Becken von Hinche später gehoben. Die der mehr Regen empfangenden Bergumrahmung entstammenden Flüsse haben sich seither tief und steilwandig in die Ablagerungen eingeschnitten, so daß oft kaum die Kronen der hohen Uferwälder die zerschnittene hochliegende Steppe überhöhen.

Ferner wurden in der ganzen Zeit, besonders aber gegen Ende des Tertiär massige Kalke und Mergelkalke, beide versteinerungsarm, abgelagert. Zu unterst liegen meistens die dem Miozän angehörigen massigen Kalke, darüber die pliozänen Mergelkalke. Schließlich sind noch bis in die jüngste Gegenwart hinein, zur Hauptsache im Postpliozän, Korallenkalke, die wohl als Bildungen mächtiger Barrièreriffe zu bezeichnen sind, entstanden.

Alle diese Bildungen vom Oligozän an sind der Untergrund, aus denen abgesehen von jungvulkanischen Gesteinen in den oberen Schichten jetzt der Boden der Republik im wesentlichen besteht. Je nach ihrem Vorkommen ändern sich vor allem die wirtschaftsgeographischen Verhältnisse stark. Die äußere Gestalt der Insel in vertikaler und horizontaler Beziehung bestimmten aber, wie auch im Romanischen Mittelmeergebiet, andere Vorgänge. Gegen Ende des Tertiär waren es nach vorübergehender und sich in Haïti nur im mittleren Tertiär an einigen Stellen, besonders der Südwesthalbinsel, stärker andeutender Faltung die gewaltigen Bruchbildungen und zeitlich und vermutlich auch ursächlich damit verknüpft die vulkanischen Vorgänge, die sich bis in das Quartär hineinziehen, welche wir als die wichtigsten formgebenden Elemente zu betrachten haben[1]). Schließlich traten dann noch umfangreiche und weit verbreitete Hebungen auf, die besonders auch die jetzt als Oberflächengestein Haïtis wichtigen Korallenkalke aus dem Meere auftauchen ließen[2]).

Die Brüche, die häufig in der alten tektonischen Hauptrichtung, jetzt vielfach aber auch rein west-östlich verlaufen, ergaben einmal den charakteristischen Umriß der Insel, andererseits die scharfe Trennung eines langen schmalen Südweststückes von der mittleren und nördlichen Hauptmasse der Insel durch den großen Grabenbruch von Port-au-Prince. Dieser Grabenbruch hat mit seinen untergetauchten Fortsetzungen im Golf von Port-au-Prince und der Bucht von Neiba in Domingo rund 200 Kilometer Länge bei bis 20 Kilometer Breite. Es gibt in Haïti kaum ein auffallenderes Bild als den Blick auf diese scharf ausgebildete Senke, die alle typischen Erscheinungen bei der Untersuchung klar erkennen läßt[3]). Übrigens scheinen verschiedene Teile des Grabens mehr kesselförmig tiefer gesunken zu sein, auch dauert das Absinken fort, da in historischer Zeit einige kleine Inseln bezw. Klippen in der Bucht von Port-au-Prince untergetaucht sind. Bemerkenswert ist ferner, daß der See von Enriquillo im mittleren Teil des Grabens mit seiner Oberfläche etwa 34 m unter der Meeresoberfläche liegt, daß wir es hier also mit einer Depression zu tun haben. Der Teil des Golfes von Port-au-Prince zwischen der Insel Gonave und Port-au-Prince enthält gleichfalls eine kesselförmige Tiefe von über 200 m unter dem Meeresspiegel.

Als Folge dieser Bruchbildungen haben wir in Haïti die zahlreichen und leider auch stärkeren Erdbeben. Sie sind einmal an den Küsten, besonders der Nordküste, dann aber im Gebiet des Grabenbruchs von Port-au-Prince häufig. In historischer Zeit waren die schwersten Beben in Haïti das vom Jahre 1770, das Port-au-Prince, und das vom Jahre 1842, das Cap-Haïtien völlig zerstörte. Bei ersterem

---

[1]) Das entspricht ganz den Angaben, die uns R. T. Hill von Cuba und ganz besonders von Jamaica macht, wo gleichfalls die Gestalt in großen Zügen damals durch dieselben Vorgänge entstanden ist.

[2]) Auch in Jamaica waren das Pliozän und Postpliozän Zeiten wechselnder und örtlich sehr verschieden großer Hebungen. (Hill, The Geology and Physical Geography of Jamaica, Cambridge Mass. U. S. A. 1899, S. 215 u. S. 224.)

[3]) Eine Abbildung des Grabenbruchs von Port-au-Prince findet sich in des Verfassers Aufsatz in der Ztschr. Ges. Erdk. Berlin 1914, S. 771.

sollen auch die Bergketten der Morne de la Selle südöstlich der Hauptstadt starke Veränderungen erlitten haben[1]).

Während nun in dem Grabenbruchgebiet die Senkungen fortzuschreiten scheinen, lassen sich andererseits sonst an den Küsten junge und jüngste Hebungen durch die gut ausgebildeten Strandterrassen erkennen. Im allgemeinen setzen diese Hebungen erst spät, nachdem die Umbildung durch Brüche im wesentlichen beendet war, ein, dauern dann aber in teilweise sehr beträchtlichem Ausmaße und fast stets horizontal bis in die Gegenwart fort. An vielen Stellen der Küste findet man zahlreiche Terrassen, eine über der anderen, oft 20—30, oft auch hunderte Meter hoch[2]). Bei Môle-St. Nicolas liegen die postpliozänen Korallenkalke über 500 m hoch. Ganz frisch erhaltene Korallenreste sah ich bei Jacmel an der Südküste noch auf der dritten Terrasse in 50 m Höhe, bei Jérémie an der Südwestecke der Insel, und ähnliche Verhältnisse sind von der Plattform oben beschrieben. Besonders auffallend ist ferner die Entwicklung der Strandterrassen noch westlich von Jacmel, bei St. Marc und an der Nordküste der Nordwesthalbinsel[3]).

Die jungvulkanischen Erscheinungen schließlich, deren Vorkommen ursprünglich geleugnet wurde, nehmen, jemehr die Untersuchung Haïtis fortschreitet, eine immer größere Bedeutung ein. Die Karte (Fig. 9) gibt die Verbreitung größerer Massen der betreffenden Gesteine wieder. Auch wo sie ursprünglich als plutonische Gesteine auftreten, gehören sie dem jüngeren Tertiär an und haben für die geologische Geschichte keine prinzipiell andere Bedeutung als die rein vulkanischen Gesteine. Die Quarzdiorite des Mémétales scheinen die ältesten Vertreter zu ein. Jünger sind die dortigen Andesite und Trachyte und mit diesen gleichaltrig die Diorite nördlich Jacmel. Sonst bilden allerdings Basalte, die die jungtertiären Kalke durchbrochen haben, den Hauptbestandteil der vulkanischen Jacmelzone. Die jüngsten z. T. bis in das Postpliozän reichenden Gebilde sind dann der Plattform-Kraterberg, die gut erhaltenen Aschen und Laven bei Coridon zwischen Port-à-Piment und Gonaïves und jene in den Ketten nördlich von Port-au-Prince an dem Morne des Orangers

[1]) Bull. Semestriel de l'Obs. Météorologique 1912. Hier wird von Pater Scherer auch die Beziehung der Erdbeben zur Oberflächengestaltung erörtert.

[2]) In der tektonisch-geologischen Übersichtskarte sind nur die bisher bekannt gewordenen und umfangreicheren Strandterrassenbildungen berücksichtigt.

[3]) Abbildungen von der Nordküste bei Tippenhauer, Die Insel Haïti, S. 80.

und dem Morne-à-Tonnerre. Letztere stehen nach Tippenhauer[1]) zweifellos in Zusammenhang mit dem Grabenbruch, und damit dürfte ein ähnliches Verhältnis des Plattformvulkans zur Einbruchrinne des Golfes von Gonaïves als Ausläufer des großen Cayman-Grabens wahrscheinlich sein[2]).

Die alte Anschauung von Sueß über die Gesetzmäßigkeit der nur im östlichen konkaven Bruchrand vorhandenen vulkanischen Innenzone ist also in dieser bestimmten Form nicht mehr haltbar. Besonders die Auffindung des Plattformvulkans mit seiner guterhaltenen Krateranlage und den großen Niveauverschiebungen bringt in das ursprünglich einfache Bild neue Züge hinein. Andererseits ist aber die Durchforschung der Großen Antillen — und zwar nicht nur die Haïtis — noch nicht ausreichend, um das in großen Zügen gegebene neue Bild mit Sicherheit schon jetzt auch in Einzelheiten festzulegen. Die geologische Entwicklungsgeschichte Haïtis ist viel verwickelter, als man bisher annahm. Es fehlt auch noch die feste Verknüpfung der Beobachtungen auf den einzelnen Inseln untereinander und mit den neueren Ergebnissen der mittelamerikanischen Forschungen. Hierfür sollen die obigen Ausführungen als erster derartiger Versuch für Haïti einen weiteren Baustein liefern.

5. Môle-St. Nicolas und der Rückweg.

Das Plattformgebiet, das in dem nur nach Süden geöffneten Kessel liegt, ist von der Feuchtigkeitszufuhr noch mehr als die übrige Südwest- und Südküste der Halbinsel abgeschnitten. Die äußerst kümmerliche Trockenvegetation läßt große Teile des Bodens ganz frei.

---

[1]) Peterm. Mitt. 1909 S. 49ff.

[2]) Hier wäre eine Beziehung zu dem auch von Sievers, Süd- und Mittelamerika, Leipzig und Wien 1914, S. 452, erwähnten erloschenen Vulkan an der Nordküste von Jamaica bedeutungsvoll. Zwischen Buff Bai und Hope Bai findet sich bei Low Layton der wenige hundert Meter hohe Black Hill. Er besteht aus Basaltlava, die nach Brown (Reports on the Geology of Jamaica, London 1869 S. 120) die pliozänen Kalke durchbrochen hat. R. T. Hill (The Geology and Physical Geography of Jamaica, Cambridge Mass. U. S. A. 1899, S. 113ff.) hält sie allerdings für älter, vermutlich oligozänen Alters, erklärt dann aber eine weitere Untersuchung für nötig. Die eruptiven Massen des Innern erklärt Hill für Eozän bis Miozän und nimmt dann für die Großen Antillen ganz allgemein ein völliges Aufhören der vulkanischen Tätigkeit an. Das stimmt, wie wir gesehen haben, für Haïti nicht. Auch die Vulkane der Kleinen Antillen sollen zur Hauptsache aus jener Zeit vor dem Pliozän stammen. Die gegenwärtig tätigen Vulkane sind nach Hill mehr sekundäre und abklingende Erscheinungen! (Ebenda S. 223.)

Lediglich im innersten Teil des alten Vulkankessels findet sich am Hang eine kleine Quelle. Wenn ihr Wasser auch bald wieder verschwindet, kann es doch den rund 15 Leuten, die in 3—4 Hütten am Strande hausen, das Wasser liefern. Einige Ziegen und Hühner müssen neben dem Fischfang und dem Verkauf der getrockneten Ware in Nachbarhäfen für sie den Lebensunterhalt liefern. Wir selbst kehrten im Laufe des Spätnachmittages nach Bombardopolis zurück, wobei unsere Pferde nunmehr beim Aufstieg in noch kürzerer Zeit den Steilabsturz erkletterten.

Am nächsten Tage ging es dann weiter zur Nordwestecke der Halbinsel, wo Môle-St. Nicolas unser Ziel bildete. Schon bei Bombardopolis findet sich auf der Hochebene ein schwacher Ansatz zu einer Furche vor, die nordnordwestlich führend, sich allmählich vertieft, um dann rechtwinklig in das kurze aber sehr tief und steilwandig eingeschnittene Tal des Môleflusses einzumünden. Ihrer Richtung folgt der Weg nach Môle. Man sieht fast nur die Kalke der Hochfläche, auf denen stellenweise wieder rote Verwitterungserde, wie wir sie vom Aufstieg auf die Hochebene her kennen, liegt. Der ganz leidliche Pfad senkt sich zunächst nur langsam, aber doch spürt man von Schritt zu Schritt wieder, wie die Vegetation kärglicher wird und die größere Feuchtigkeit benötigenden Pflanzen zurücktreten. Auch Môle liegt noch im Trockengebiet, wenngleich es nicht so scharf ausgeprägt ist wie an der Südküste. Im Jahr 1913 sind in Môle 347 mm an 36 Regentagen gefallen, jedoch gibt Scherer als Mittel von 8 Jahren 587 mm, also ungefähr denselben Betrag wie für Gonaïves an[1]). Der Fluß von Môle, dessen Tal man für den letzten Teil des Weges benutzt, entspringt etwa 10 Kilometer südwestlich des Ortes an den Südhängen des 500 m hohen Morne St. Nicolas. Er ist verhältnismäßig wasserreich, versiegt aber trotzdem in dem Korallensandboden schon vor Erreichen des Meeres. Zur Zeit der Kolonie fanden sich im Tal Stauanlagen, und die Trümmer der jetzt verfallenen großen Wasserleitung waren wiederholt zu sehen. Ob die Anlagen nur durch Nachlässigkeit oder vielleicht durch die großen Erdbeben, die auch Môle-St. Nicolas mehrfach heimsuchten zerstört sind, ließ sich nicht feststellen[2]). Jetzt holt man mühsam auf Eseln oder auf dem Kopfe in der Sonnenhitze das Wasser 1 bis

[1]) Bulletin Semestriel de l'Observatoire Météorologique de Séminaire Collège. St. Martial, Port-au-Prince 1913, S. 139.

[2]) Die letzten großen Erdbeben waren im Jahre 1842, als auch Cap-Haïtien zerstört wurde, und am 23. September im Jahre 1887.

2 Kilometer weit zur Stadt. Auch Spuren einer alten gepflasterten Straße finden sich bei Môle — Reste alter Herrlichkeit. Gleichfalls liegen mehrfach verfallene Forts an den Hängen der Bucht. Sie sind übrigens nicht nur von den Franzosen, sondern zum Teil auch von den Engländern während einer vorübergehenden Besetzung gebaut[1]). Das alles ist insofern interessant, als die feindliche Presse schon vor dem Kriege mehrfach behauptete, daß Deutschland Absichten auf Môle hätte, und bei Kriegsbeginn auch prompt die Nachricht brachte, daß unser Kreuzer Karlsruhe Môle als Basis benutze. Das ist schon deshalb Unsinn, weil Môle Landungsplatz für das Kabel New York—Cap-Haïtien—Port-au-Prince—Santiago de Cuba ist, ein Aufenthalt der Karlsruhe also sofort verraten wäre.

Môle-St. Nicolas hatte also im 18. Jahrhundert als Hafen eine Bedeutung, es war „volkreich und der Hafen sehr besucht"[2]). Man zählte damals über 300 Häuser. Dank der künstlichen Bewässerung war es möglich mehr Anbau zu treiben, auch lieferte das Hinterland mehr, so daß man den Schiffen Lebensmittel als Austauschprodukte zu bieten vermochte. Denn sonst wäre die obige Angabe ganz unverständlich.

An und für sich ist Môle-St. Nicolas allerdings ein sehr guter Hafen. Es ist eine wunderbare tief in das Land eindringende, hornähnliche Bucht von rund 6 Kilometer Länge und am Ausgang 3 Kilometer Breite, die im inneren Teil gegen alle Winde Schutz bietet, Die Wassertiefe ist auch für große Schiffe bis weit hinein ausreichend, und guter Ankergrund ist vorhanden. Klippen und seichte Untiefen fehlen bis auf eine Bank von weniger als 7 m Wasser, die aber am nördlichen Ufer, gegenüber der Stadt liegt[3]). Irgendwelche Hafeneinrichtungen, Lotsen oder Gesundheitsbeamte sind nicht vorhanden, und auch auf Lebensmittel dürfte ein größeres Schiff nicht mit Sicherheit rechnen. Môle kommt natürlich als Ausfuhrhafen von irgendwelcher Bedeutung nicht in Betracht. Der Anbau auf der Hochfläche ist nicht umfangreich genug, um viel dafür zu liefern. Gelegentlich nimmt ein Schiff eine Ladung Blauholz oder einige Hundert

---

[1]) Die Besetzung von Môle fand im Jahre 1793 statt. Im Jahre 1794 war auch vorübergehend nach Beschießung Port-au-Prince und ein großer Teil der Südwesthalbinsel in englischem Besitz. (Handelmann, Geschichte der Insel Haïti, II. Aufl., Kiel 1860, S. 59ff.).

[2]) Raynal, Übersicht der politischen Lage und des Handelszustandes von St. Domingo, Leipzig 1788. S. 64.

[3]) „Der Pilote", neue Folge 1902, Heft 6, S. 464.

bis Tausend Sack Kaffee aus dem Mare Rouge-Gebiet mit. Die Ausfuhrzölle ergaben 1912/13 4080 Dollar Gold und 1116 Gourdes Papier fast nur für Blauholz. Das wäre nur 2—3 Prozent der Gesamtblauholzausfuhr der Republik. Sonst bietet Môle nichts.

Der Ort selbst macht einen verfallenen trostlosen Eindruck. Ich hörte an anderer Stelle einmal die haïtianische Redensart „Wenn in Môle ein Hund bellen will, so muß er sich erst gegen eine Wand stützen". Man hat dann nur aus Unkenntnis des Landes die Verhältnisse von Môle auf die ganze Gegend, also auch auf die Hochfläche von Bombardopolis verallgemeinert. Über die Bevölkerungs zahl des Ortes wurde uns eine Angabe von 5—600 Köpfen gemacht. Sie kann stimmen. Es waren darunter auffallend viele Frauen und Kinder. Für das gesamte Arrondissement von Môle-St. Nicolas erhielten wir die Angabe von 40 000 Köpfen.

Commune du Môle	rund 15 000
Commune de Jean-Rabel	rund 10 000
Commune de Bombardopolis	rund 10 000
Commune de la Baie-de-Henne	rund 5 000

Wenn diese Angaben auch sicher zu hoch sind (siehe S. 70), so haben sie doch als Vergleichszahlen einen gewissen Wert, da sie die wirtschaftsgeographischen Verhältnisse der Bezirke widerspiegeln. Die Bewohner zeigten sich auch hier ganz entgegenkommend, und wir erhielten bereitwilligst alle gewünschten Aufschlüsse, die allerdings meist sehr subjektiv gefärbt waren. Dagegen suchte uns ähnlich wie früher in Baie-de-Henne der militärische Befehlshaber, General natürlich, liebenswürdig aber möglichst schnell loszuwerden. Es scheint immer wieder, daß die höheren Stellen einen versteckten Argwohn gegen Fremde haben und zum Teil auch für die Sicherheit derselben, wenn diese von der Regierung in Port-au-Prince Beglaubigungsschreiben besitzen, fürchten. Im allgemeinen besteht aber nicht der geringste Anlaß zu solcher Befürchtung, wie hier gern versichert sei.

Môle-St. Nicolas ist einer der 13 Vertragshäfen[1]) für den fremden Handel und seit dem 1. Oktober 1905 hierfür geöffnet. Die ersten Worte dieser Gesetzesverordnung[2]) sind echt haïtianisch: Worte, aber nur keine Taten. „Considérant que la position géographique

[1]) Die 13 Vertragshäfen sind: Jacmel, Aquin, Les Cayes, Jérémie, Miragoâne, Petit Goâve, Port-au-Prince, St. Marc, Gonaïves, Môle-St.-Nicolas, Port-de-Paix, Cap-Haïtien, Fort Liberté.

[2]) Renseignements économiques et statistiques sur la République d'Haïti au 31. Décember 1911. Port-au-Prince 1912.

du Môle-Saint-Nicolas en fera un des ports les plus fréquentes du Nouveau Monde à l'ouverture du Canal de Panama...." Es trifft zu, daß die Lage des guten Hafens wirklich hervorragend ist, Die Breite der zwischen Cuba und Haïti hindurchführenden Windward-Durchfahrt ist nur rund 50 Seemeilen und durch diese Straße geht der direkte Weg Colon—New-York. Môle liegt an der engsten Stelle. Eine energische Macht wäre hier in diesem leicht zu befestigenden Hafen in der Lage, diesen Verkehr völlig zu unterbinden. Das wird auch einer der Beweggründe der Union gewesen sein, sich in die haïtianischen Verhältnisse, für die es bis zum Weltkriege sonst wirtschaftlich nur geringe Interessen hatte, einzumischen[1]). Die Union, nicht Deutschland, hat die Küsten ja auch in den letzten Jahren vermessen und Môle wird vielleicht bald militärisehe „Frequenz" auf-

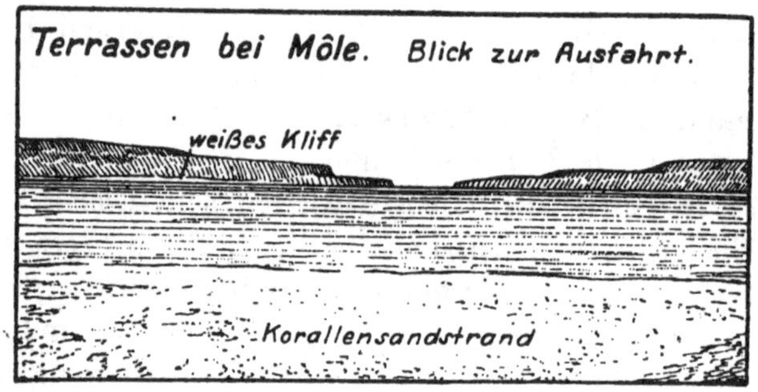

Fig. 10.

weisen. Als Handelshafen kann es aber bei dem Fehlen eines Werte schaffenden Hinterlandes in absehbarer Zeit keinerlei Bedeutung gewinnen, denn der Haïtianer ist der allerletzte, um etwas zur Hebung in dieser Beziehung zu tun.

Môle-St. Nicolas war der äußerste Punkt unserer Reie. Den Rückweg wählten wir zunächst in östlicher Richtung, um Anse Rouge mehr vom Gebirge her zu erreichen, und die Grenze der Port-à-Pimentebene gegen Nordwesten festzustellen. Es soll von Môle aus ein Pfad an der Nordküste entlang nach Jean-Rabel und weiter nach Port-de-Paix führen Ein weiterer verbindet den Hafen mit dem Mare Rouge genannten Gebiet an den Nordhängen der großen Hochebene. Letzteres mußte fruchtbar und dichter bevölkert sein, da

---

[1]) Schon um die Mitte des 19. Jahrhunderts richteten die Vereinigten Staaten ihren Blick auf Môle-St. Nicolas. Reclus ist ein unverdächtiger Zeuge (Nouv. Géogr. Univ. Bd. XVII, Indes Orientales, S. 758).

dort höhere Niederschläge zu erwarten waren und ja auch der gelegentlich in Môle verschiffte Kaffee von dort stammen sollte.

Der anfangs nur schwach steigende Weg nach Mare Rouge läßt Spuren früherer Instandhaltung erkennen, ist aber jetzt sehr schlecht, vor allem in den höheren Teilen. Der Rückblick auf Môle und die blaue Bucht zeigt besonders schöne Terrassenbildungen (Fig. 10) an den Berghängen nördlich und südlich des Buchteinganges. Eine Anzahl Terrassen lassen sich hunderte Meter hoch am Morne St. Nicolas deutlich verfolgen. Die niedrigere, die Bai im Norden begrenzende Halbinsel weist gleichfalls die Ausbildung mehrerer scharfer Absätze auf.

Die Pflanzenwelt am Wege glich der früher beschriebenen. Sie war überall kärglich und gewann für den Menschen nur durch die etwas stärkeren Bestände an Blauholz Wert. Ansiedlungen und Wasser fehlten ganz. Die erste Quelle mit einem kurzen Rinnsal fand sich erst in rund 300 m Höhe an einem Steilhang. Von 300—400 m Höhe an scheint auch nach der stärkeren Vegetationsbedeckung zu urteilen nasser Nebel häufiger aufzutreten. Es war Abend geworden, und ehe noch völlige Dunkelheit herrschte, fiel schon der Nebel ein. Da vor Mare Rouge keine Gelegenheit war, die Nacht zu verbringen mußten wir leider mehrere Stunden des Weges bis dorthin, und zwar auf einem teilweise mehr Klettersteig ähnlichen Pfade, in dem immer dichter werdenden und stark nässenden Nebel ganz auf die Reittiere angewiesen, zurücklegen. Nur zuletzt ging es auf ebenem, lehmigen Boden dahin, und dann fanden wir auch nach längerem Suchen bei einer Kapelle eine bewohnte Hütte zur Unterkunft.

Der nächste Morgen brach strahlend wie stets an und erwärmte zusammen mit einem guten Kaffee bald die durchfrorenen Glieder. Nun konnten wir uns etwas umsehen und hatten auch bald das Glück, von einer höheren Stelle einen Teil des am Abend vorher im Dunkeln zurückgelegten Weges überblicken zu können.

M a r e R o u g e ist der breite flache Hang einer Anschwellung am Nordteil der Hochebene von Bombardopolis. Die jungen Korallenkalke mit kreidigen Zwischenlager bilden auch hier den Untergrund. Darauf liegt gleichfalls an vielen Stellen in ganz flache Senken zusammengeschwemmt die lehmige, hier tiefrote Verwitterungserde vulkanischer Gesteine. Während sie auf der Route Baie-de-Henne—Bombardopolis—Môle aber nur wenig mächtig ist, haben wir hier eine sehr starke Bedeckung, so auffallend, daß der Name der Gegend darauf Bezug nimmt. Der fruchtbare Boden ist natürlich dichter besiedelt, da bei der Höhe von 600 m und darüber die Kondensation des Wasserdampfes der Luft stark ist und für üppige Vegetation die Feuchtigkeit liefert. Es findet sich ziemlich viel Kaffee- und Agrumenanbau neben allem, was sonst der Haïtianer zum Eigenverbrauch pflanzt, vor. Der Kaffee gibt seinen kleinen Beitrag zur Ausfuhr von Môle, geht aber z. T. sonst auch nach Port-de-Paix.

Das Gebiet von Mare Rouge liegt beträchtlich nordöstlicher als auf der Karte von Poujol und Thomasset, wo wahrscheinlich nur auf gut Glück im Innern ein Punkt markiert ist. Überhaupt erwies sich auch das Stück Môle—Mare Rouge—Anse Rouge auf den Karten als eine Phantasie. Der Pfad von Mare Rouge nach Anse Rouge zieht sich noch längere Zeit ziemlich eben am Nordosthang entlang. Es finden sich mehrfach kleine Quellen und sogar ein etwas größerer flacher Tümpel, der allerdings in der trockeneren Zeit wohl verschwindet.

Der wichtigste Fund wurde jedoch südlich von diesem Tümpel und später noch einmal dort, wo beginnende Geländefurchen die erste Andeutung des Jean-Rabel-Flußtales zeigen, gemacht. Hier traten umfangreiche Stellen mit festen graublauen Lehmen zu Tage. Es sind verwitterte Granite von beträchtlicher Mächtigkeit, die oben horizontal abgeschnitten und von den Korallenkalken überlagert sind. Wir haben es hier also zweifellos mit den Ausläufern des alten Cibaomassivs zu tun, das sonst im westlichen Teil der Halbinsel von dem Mantel jüngerer Sedimente völlig verhüllt ist. Nun können wir auch zwei allerdings nur kleinere Aufschlüsse desselben verwitterten Granits in dem steilwandigen Tal des Môleflusses südlich von Môle einwandfrei deuten, während vorher ihre Zugehörigkeit nicht ganz klar war. Dort fanden sich die Aufschlüsse nur 100 bezw. 30 m über dem Meer, während sie bei Mare Rouge 520—590 Meter hoch angetroffen wurden. Es scheint also der deckende Korallenkalk im Westen größere Mächtigkeit zu haben, was dem stärkeren Absinken des Cibaomassivs in dieser Richtung entsprechen würde.

Auch die dünnplattigen pliozänen Mergelkalke, die wir sonst mehrfach als Liegendes der Korallenkalke beobachtet hatten, stehen hier schon in 500 Meter Höhe an. Sie fallen etwa 30 Grad nach Südost, also zur Pfefferhafenebene, ein, während sie bei Bombardopolis horizontal lagen und am Morne Chien nur 15 Grad nach Südost einfielen. Auf ihnen vollzog sich der Abstieg in die Ausläufer der Ebene zum Teil über äußerst unangenehme Steilstufen, die durch die verschiedene Härte der einzelnen Schichten bedingt waren. Tief eingeschnittene Schluchten sammeln Wasser in diesem Niveau und bilden den ziemlich wasserreichen Petite Rivière. Den größten Zufluß empfängt er von Norden. Dieser muß aus anstehendem Granit kommen, denn wir fanden mehrere kleine Granit- und Quarzgerölle in seinem Bett und weiter unterhalb. Also liegt ein weiterer sicherer Beweis für das Ausstreichen des alten Cibaohorstes bis in diese Gegend vor.

Die tonigen und sandigen, an der Oberfläche mit Kalkgeröll und Staub bedeckten Savannenschichten, die hier den im östlichen Teil der Ebene beschriebenen völlig gleichen, begannen in 350 m Höhe. Der Zahl kommt insofern vielleicht eine Bedeutung zu, als die geologisch gleiche Savanne des Innern zwischen 300 und 400 m Höhe über dem Meer beim Abstieg von Norden — nach Süden senkt sie sich langsam — erreicht wird. Das Gefälle der Savanne ist sehr gering und der Fluß in zahlreichen Schleifen tief eingeschnitten. Da der Pfad die Schleifen abzuschneiden sucht, so ergeben sich fortgesetzt Ab- und Aufstiege an den Steilwänden der Flußsohle und Durchritte durch das Wasser. Verschiedentlich finden sich Ansiedlungen vor und früher scheinen auch, wie u. a. der Name Bassin Hardi andeutet, künstliche Bewässerungsanlagen vorhanden gewesen zu sein. Nachdem die Ebene sich weiter abwärts verbreitert hatte, hörten die Zuflüsse auf, da sie schon vorher versiegten, und nun wurde auch die Wasserführung des Flusses schnell geringer, bis er schließlich in dem tiefen Trockental völlig verschwand. Es ist bereits gesagt, daß das Gebiet nur selten und wenig Regen empfängt. Da es auch für die Nebelbildung zu niedrig liegt, zeigte sich bald nur noch die früher beschriebene Wüstensteppenflora.

Sonst bot die Landschaft bis Anse Rouge nichts Bemerkenswertes mehr. Der Weg war ziemlich belebt und in Anse Rouge großer Markt. Auf ihm wurde im wesentlichen der Kaffee aus den Bergen abgeliefert und der Einkauf der geringen Kulturbedürfnisse besorgt.

Von Anse Rouge hatten wir am Meere entlang nach Gonaïves zurückkehren wollen. Einmal sollte die Mündung des Columbierflusses festgestellt werden und dann hatte ich die Laven von Coridon sehen wollen. Aber unsere Tiere hatten trotz aller Vorkehrungen die Strapazen der Reise nicht ausgehalten. Mit Mühe brachten wir sie noch bis Anse Rouge. So mußten wir in einem kleinen offenen Boot — die anderen Segler wollten nicht fahren — in nächtlicher Fahrt nach Gonaïves segeln und damit diese Reise zum Abschluß bringen.

Erläuterungen zu den Abbildungen.

Abb. 1. Der Bassinbach hat sich im Méméta1 eine steilwandige, tiefe Schlucht geschaffen, in der der Eisenerzblock einen Riegel bildet. Im Vorder grund Strudelloch des etwa 9 m hohen Wasserfalls.

Abb. 2. In den lichten Bergwäldern Haïtis liegen die zahlreichen Einzelsiedlungen weit zerstreut. Angebaut werden bei der Hütte oder auf kleinen in der Nähe angelegten Feldern zum Eigenverbrauch je nach Höhe Bataten, Hirse, Bohnen, Bananen, Zuckerrohr. Einige wenig gepflegte Kaffeesträucher finden sich fast stets vor. Zum Kaffeetrocknen dient ein gestampfter Lehmboden (Mitte des Bildes). Die mit Sonnenschutz versehene Feuerstelle findet sich seitwärts. An Haustieren werden Hühner, Schweine und Esel gehalten.

Abb. 3. Die marine Aufschüttungsebene von Port-à-Piment zeigt an der Oberfläche Kalkkrusten, Kalkgeröll und Staub. Die sehr spärliche Vegetation, die große Flächen freiläßt, besteht aus Akazien, Kakteen, Agaven und Dorngestrüpp. Anbau fehlt ganz. Als Haustiere finden sich nur wenige Hühner (meistens Perlhühner), Ziegen und Esel.

Abb. 4. Blick nach Westen beim Abstieg in den Plattformkessel aus etwa 100 m Höhe. Rechts Aschen- und Lavenhänge, deren Schichten nach außen einfallen, im Hintergrund am Meer Basaltkuppen. Die „Plattform“ liegt weiter links und ist nicht sichtbar. Der Boden ist nur spärlich mit Agaven, Kakteen und Dorngestrüpp bedeckt.

Abb. 5. Blick von der „Plattform“ nach Norden auf den erhaltenen Teil des Vulkans. Das Gesichtsfeld umfaßt etwa 150 Grad, so daß man sich das Ganze halbkreisförmig den Beschauer umrahmend zu denken hat. Rechts vorne und links im Mittel- und Hintergrund Aschenreste, deren Schichten ebenso wie die der Kratersteilwand nach außen einfallen. Am Meer eine Basaltklippe, links hinten Basaltkuppen. Im Vordergrund Aschen- und Korallensandboden. Anbau ist nicht möglich. Die Bewohner, deren Hütten im Mittelgrund links sichtbar sind, leben vom Fischfang. Die Viehhaltung beschränkt sich auf wenige Hühner und Ziegen.

Abb. 1. Eisenerzblock im Mémétal.

Abb. 2. Typische haïtianische Einzelsiedlung im Mémétal.

Verlag: L. Friederichsen & Co., Hamburg. Lichtdruck von Knackstedt & Co., Hamburg.

Abb. 3. La Chapelle in der Ebene von Port-à-Piment.

Abb. 4. Blick in den erhaltenen Teil des Plattformkraters.

Verlag: L. Friederichsen & Co. Hamburg. Lichtdruck von Knackstedt & Co., Hamburg.

Verlag: L. Friederichsen & Co., Hamburg.

Photolith. von Carl Griese, Hamburg.

Lütgens: Nordwest-Haïti.

Verlag: L. Friederichsen & C°. Hamburg.

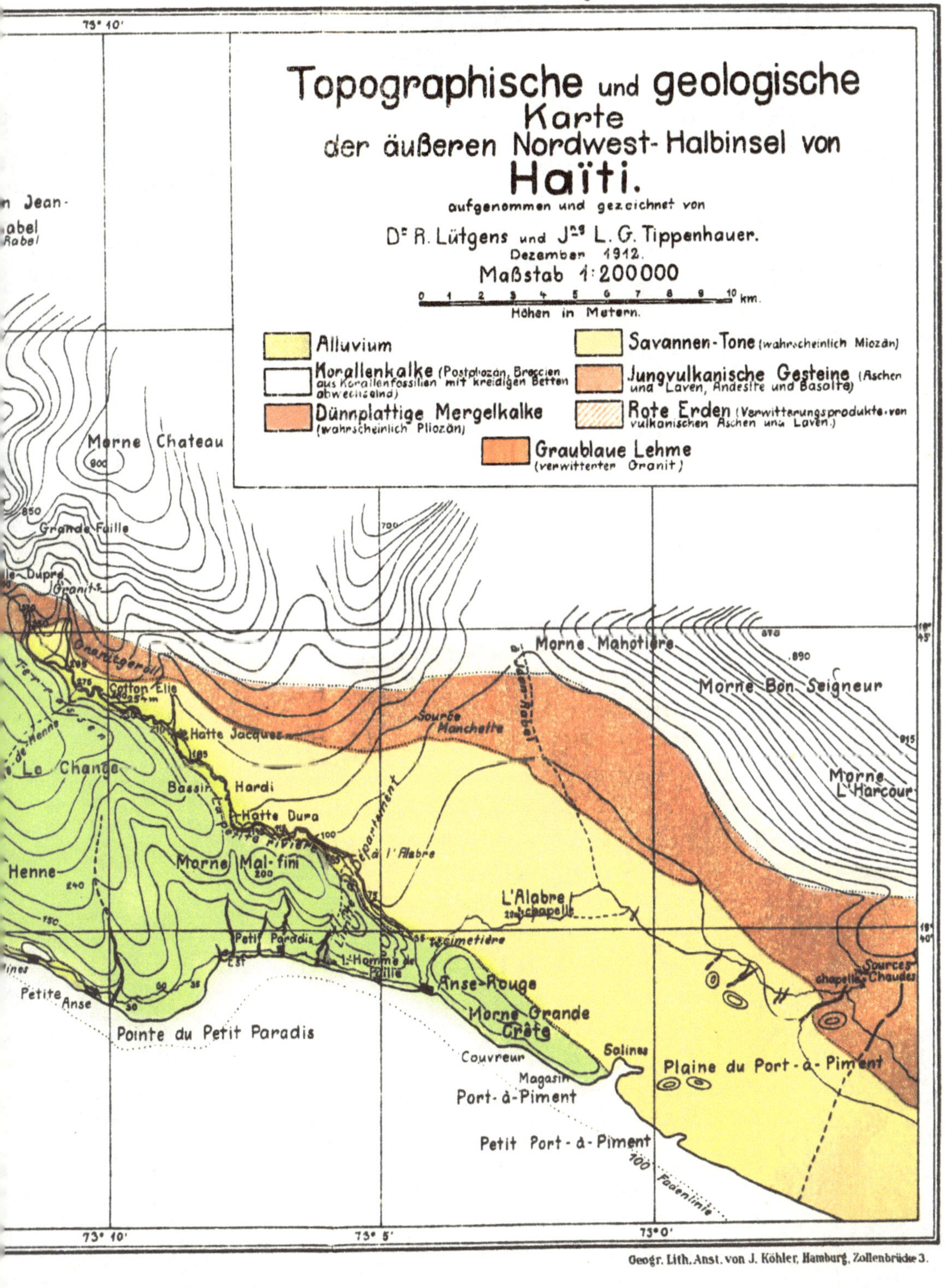

Geogr. Lith. Anst. von J. Köhler, Hamburg, Zollenbrücke 3.

Die Landschaft an der Bucht von Santos

von

Dr. **Bernhard Brandt,** Belzig i. M.

Mit 6 Abbildungen auf 3 Tafeln und 2 Figuren im Text.

Vorbemerkungen.

In der Abhandlung „die tallosen Berge an der Bucht von Rio de Janeiro“[1]) ist der Versuch gemacht worden, das so eigenartige Landschaftsbild am Eingange dieser Bucht mit Hilfe neuerer Erkenntnisse über tropische Verwitterung und Abtragung zu zerlegen. Dabei war es nur in beschränktem Maße möglich, die Beobachtungstatsachen im Rahmen der Landschaft zu beschreiben und durch Bilder zu belegen. Insbesondere mußte auf photographische Abbildungen, welche die Eigenschaften des Bodens, der Pflanzendecke, der Talbildung und die so wichtigen Erscheinungen der Küstengestaltung veranschaulichen und auf eine ins Einzelne gehende Landschaftsbeschreibung verzichtet werden, sollte die Menge des zugrundeliegenden Materials nicht im Mißverhältnis zur eigentlichen Aufgabe stehen.

Bei dem jetzt vorliegenden Aufsatz über die Bucht von Santos ist der umgekehrte Weg eingeschlagen worden. Im Vordergrunde der Aufgabe steht die rein beschreibende, durch Bildbeigaben[2]) belegte Darstellung eines benachbarten Küstenausschnittes, der meines Wissens in unserer Literatur noch keine zusammenfassende Behandlung erfahren hat. Dabei wurde angestrebt, die einzelnen Erscheinungen möglichst in ihrem Zusammenhange und ihren Ursachen zu erfassen. Die beiden Arbeiten ergänzen sich also bis zu einem gewissen Grade. Die vorliegende wird bei der Gemeinschaftlichkeit vieler Erscheinungen an beiden Buchten die Abhandlung über die Rio-Bucht nach der erwähnten Richtung hin ergänzen können und deren Besonderheiten noch deutlicher hervortreten lassen, jene aber wird umgekehrt manche Zusammenhänge in der Landschaft von Santos leichter verstehen lehren.

---

[1]) Band XXX der Mitteilungen der Geographischen Gesellschaft in Hamburg.

[2]) Die Zeitumstände erforderten hierbei möglichste Beschränkung.

Die zugrundeliegenden Beobachtungen sind hier — wie im anderen Falle — auf Exkursionen gesammelt worden. Daß ich in einer verhältnismäßig kurzen Zeit viel sehen und besonders die charakteristischen Örtlichkeiten finden konnte, verdanke ich der Führung zweier ansässiger Kenner des Gebietes, Herrn Lorenzo Velazquez aus Alto da Serra und Herrn Schwebel, dem Verwalter der unter der Leitung H. v. Iherings stehenden biologischen Anstalt für Studien im Urwald nahe dem genannten Orte. Auf diesen Exkursionen sind die beigegebenen Bilder aufgenommen worden. Der Kartenskizze (Fig. 1) liegt die gebräuchliche britische Seekarte zugrunde.

Die Grundzüge der Landschaft.

Zwischen dem Kap Frio und der Bucht von Paranaguá weicht die brasilianische Küste aus ihrem allgemein nordnordost-südsüdwestlichen Verlauf ab, springt mit mehr ostnordost-westsüdwestlichem Streichen zurück und bildet so die charakteristische flache Einbuchtung, welche das tropische Brasilien vom gemäßigten Süden scheidet. Die kettenförmigen Höhenzüge oder Serras, die das brasilianische Bergland gliedern, treten in diesem Abschnitt in gedrängter paralleler Anordnung an die Küste heran. Auf der Fahrt von Rio de Janeiro nach Santos begleitet das Schiff ein bis etwa 900 m hoher, scheinbar aus dem Meere aufsteigender Höhenzug, den unsere Atlanten Serra do Mar nennen, den der Brasilianer aber aus praktischen Gründen in eine Anzahl Unterabschnitte zerlegt. Als Serra do Mar, Meeres- oder Küstenkette, bezeichnet er nur den östlich an die Santos-Bucht stoßenden Abschnitt, während er die westliche, nur durch ein Erosionstal getrennte Fortsetzung nach einem kleinen Orte Serra do Cubatão nennt (vgl. hierzu und im folgenden Fig. 1).

Auch das Wort „Serra" hat in diesem Gebiete einen eingeschränkten Sinn. Hinter der Küstenkette liegt das Hochland von São Paulo, eine 700 bis 800 m erreichende Hochfläche. Auf dieser hohen Basis erscheinen die Parallelketten der Serra do Mar bei ihrer geringen relativen Höhe nur als schwache Bodenwellen, die nicht als Gebirge imponieren und den Hochflächencharakter der Landschaft nicht zu verwischen vermögen. Das gilt natürlich auch für den dem Lande zugewandten Abfall der Küstenkette; er erscheint vom Binnenlande aus gesehen nur als niedriger Hügelzug, als der nur wenig höher liegende Rand, der landeinwärts gegen die große Tieflandmulde des Paraguay-Paraná abgedachten Gebirgsscholle. Ein eigentlicher Aufstieg auf den Kamm dieses unsymmetrisch gebauten Höhenzuges ist

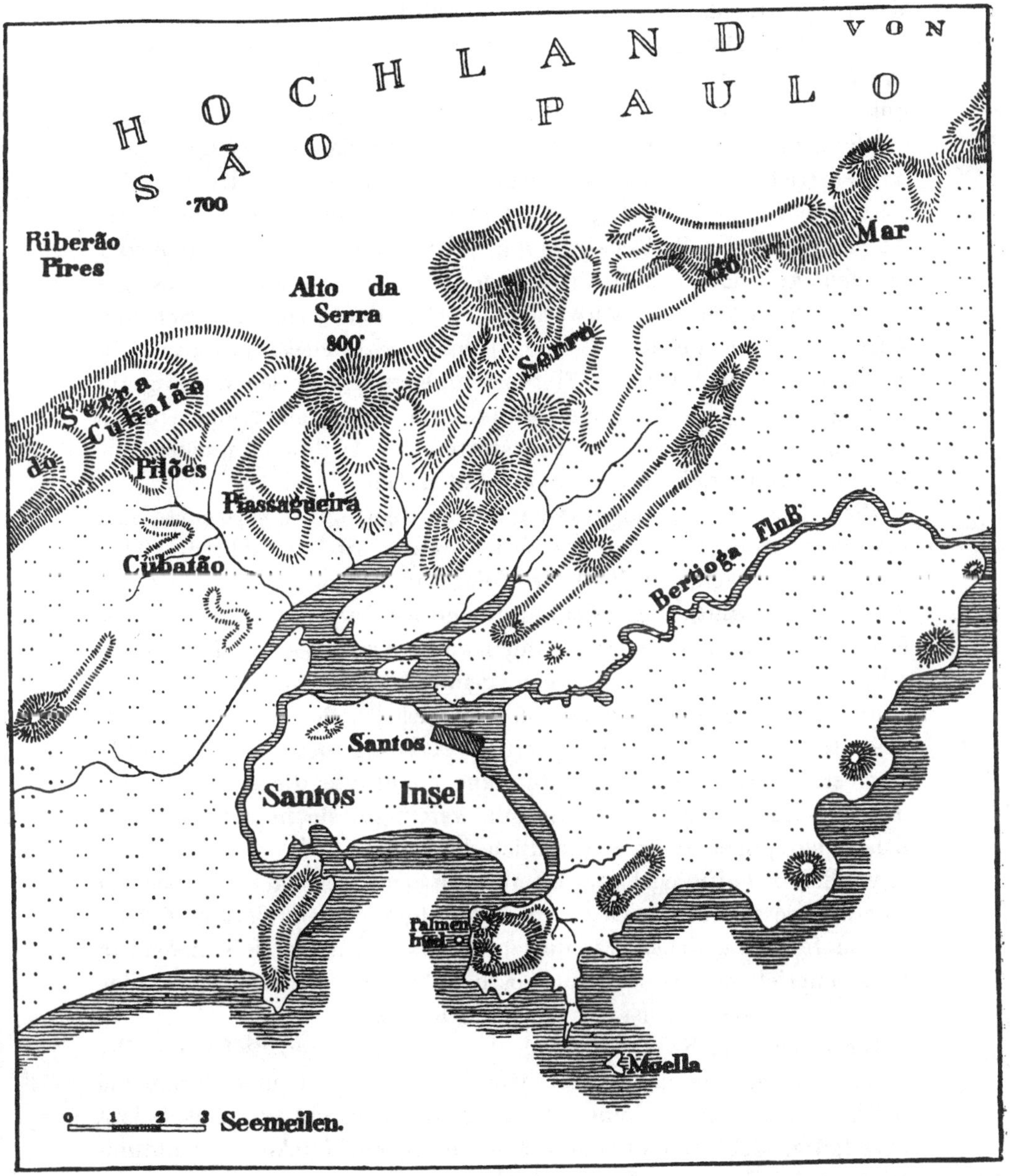
HOCHLAND VON
SÃO PAULO
·700
Riberão
Pires
Alto da
Serra
800
Serra
do Cubatão
Serra
do
Mar
Pilões
Piassagueira
Cubatão
Bertioga Fluß
Santos
Santos Insel
Palmen
Insel
Muella
0 1 2 3 Seemeilen.

Fig. 1.

nur von der Küste her möglich; daher bedeutet für den Einheimischen Serra nicht eine Gebirgskette, sondern die steile Rampe, die ihn vom Meere zum Hochlande, dem Alto, hinaufführt.

Die Serra stößt nicht überall hart an das Meer, sondern zumeist an eine den Meeresspiegel nur wenig überragende Ebene, welche ihren Fuß bald schmäler, bald breiter werdend mit gelegentlichen Unterbrechungen säumt. Die Ebene verdankt ihre Entstehung der diesen Küstenstrich auszeichnenden Strandverschiebung auf Kosten des Ozeans und der Ausfüllung des seichter werdenden Meeres durch die Ablagerungen der Küstenströmung. Die vereinigte Wirkung beider hat einstige Buchten in weite sandige, von Sichelstränden (Praias) gesäumte Strandebenen verwandelt. Mit der Strömungsrichtung wachsende Nehrungen (Restingas) haben Strandseen (Lagoas) abgeschnürt, die noch schmale Einfahrten besitzen oder schon völlig abgetrennt, in stehende brakige Gewässer, in Seen, Teiche und Tümpel verwandelt worden sind — Brutstätten der Gelbfiebermücken, die diesen Küstenstrich in Verruf gebracht haben.

Die wachsende Sandumgürtung des Küstengebirges verwehrte oder erschwerte den von der Serra oder dem Alto herabkommenden Flüssen und Bächen vielfach den Weg zum Meere. Sie zersplitterte die in der gefällosen angefügten Ebene geschwächte Erosionskraft, faserte die Läufe in machtlose Rinnen auf und zwang sie nach längerem oder kürzerem Umwege sich eine gerade vorhandene Lücke in den Anschwemmungen zu suchen, die überdies bei der Veränderlichkeit des Strandes nur zeitweilig einen Ausgang bot (Bertiogafluß). Auch staute sie, indem sie die Mündungen einengte, die Endabschnitte der Gewässer trichterartig auf und vereinigte sie in gemeinschaftlichen, sumpfigen Bodden (nördlich der Santosinsel).

In diesem hoffnungslosen Kampfe erwuchs den Flüssen aber ein Bundesgenosse in den Gezeiten. Wo diese ungehinderten Zutritt hatten, feilten sie die schwächlichen Mündungsarme in tiefe und weite Gezeitenpriele aus (westlich und östlich der Santosinsel). So schufen sie Häfen an einer sonst abweisenden Küste.

Die Bucht von Santos (Fig. 2), die mit den echten, tief in das Gebirge einschneidenden Buchten von Rio de Janeiro und Paranaguá nichts gemein hat, ist eine von Hügelgruppen wie von Torpfeilern eingefaßte, nicht einmal sehr tief einspringende Lücke der Sandumgürtung der Serra do Mar; sie besitzt hinreichendes Fahrwasser und setzt sich — das ist die Hauptsache — östlich der Santosinseln in einen tiefen, geräumigen und geschützten Gezeitenpriel fort. Santos würde

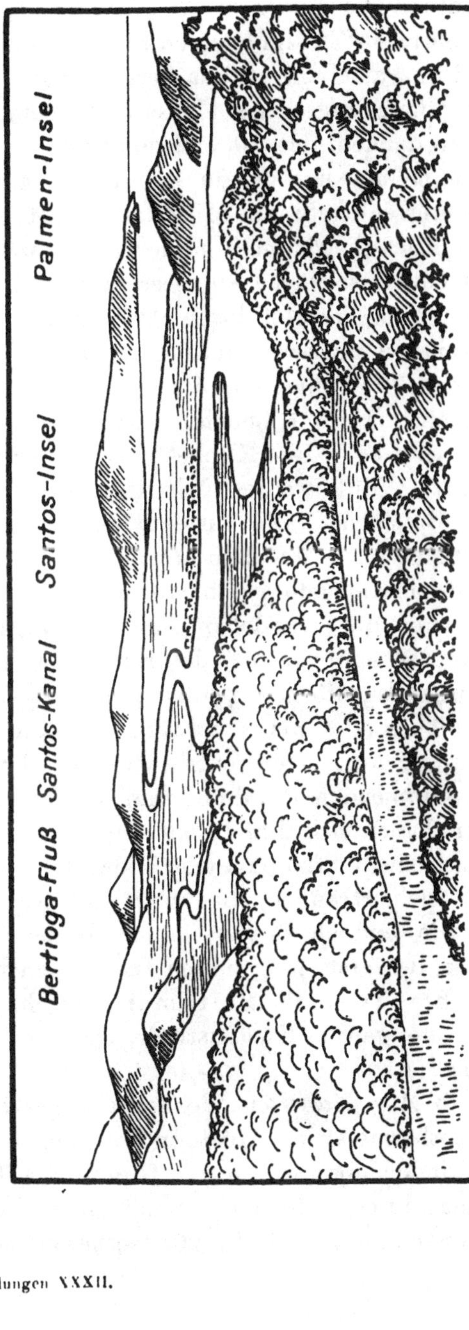

Blick vom Gehänge der Serra do Mar oberhalb Piassagueira über den östlichen Teil der Bucht von Santos.

Fig. 2

aber nicht zu seiner heutigen Bedeutung erblüht sein, wenn nicht eine zweite Gunst der Lage hinzukäme. Der eine der hier mündenden Wasserläufe — der zwischen Piassagueira und Cubatão fließende — hat jene tiefe Scharte durch die Mauer der Küstenkette hindurchgeschnitten, welche die Serra do Mar im engeren Sinne von der Serra do Cubatão scheidet und im Passe von Alto da Serra endigt. Ihm ist der bequeme Zugang zu dem ertragreichen Hinterlande, dem Kaffeegebiete von São Paulo zu danken, den die einzige auf das Hochland hinaufführende Bahnlinie benutzt und der die Bucht von Santos zum Eintrittstor und zum Schlüssel des Staats São Paulo macht.

Weit draußen vor der Küste liegen einsam oder gruppenweise vereint kahle Granit- und Gneisinselchen. An ihrer felsigen Böschung nagt die Brandung, entfernt, unterstützt durch abräumende Strömungen, jeden Ansatz von Verwitterungserde und hindert das Aufkommen von Pflanzen. Man sollte solche kahlen und öden Inseln, wie man sie vor der Santos- und auch vor der Riobucht sieht (Queimada, die „Verbrannte"; Lage, die „Fliese" oder „Klippe") eher unter gleicher Breite an der wüstenhaften Westküste des Erdteiles erwarten als am Strande des tropischen Brasiliens. Die küstennäheren Inseln sind von der Strandverschiebung erreicht und dem Lande angefügt worden. Sie unterbrechen heute als einsame oder gescharte, mehr oder weniger kegelförmige Kuppen (Morros) die Strandebene. Zu ihnen gehören die Torpfeiler am Eingange der Santosbucht, die rundlichen Kuppen, welche, voneinander durch bogenförmig geschwungene Strandlinien getrennt, den Saum des Tieflandes weiter ostwärts gliedern und die strandferneren, schon länger dem Meere entrückten Kegel westlich von Santos. Vor der abräumenden Brandung und der fortschaffenden Strömung geschützt, haben sich ihre Hänge mit Verwitterungsschutt überzogen und mit einem Pflanzenkleide bedeckt.

Sandige Ebenen mit Sichelstränden, Lagunen und Nehrungen, Bodden und Gezeitenpriele, endlich Berginseln im ebenen Gelände bilden den Formenschatz des erst jüngst dem Ozeane entrissenen Landstreifens, den der Brasilianer als Beiramar bezeichnet, den untersten Absatz der für den ganzen Küstenstrich typischen Stufenfolge: Beiramar, Serra, Alto.

Die Mitte der Serra do Mar wird vom Wendekreise geschnitten, während die 20° Jahresisotherme an der Küste in ungefähr 30° Südbreite verläuft. Wir befinden uns also an der Grenze des Tropengürtels oder im Übergangssaume zwischen der heißen und der gemäßigten Zone. Im Januar schiebt sich die 20° Isotherme südwärts bis über die San Matiasbucht im nördlichen Patagonien, die 25° Isotherme aber bis zur Patoslagune im südlichsten Brasilien vor. Im Juli zieht sich die erstgenannte bis in die Breite des Wendekreises zurück. Der Unterschied der mittleren Monatstemperaturen ist in diesem Küstenstriche also beträchtlich genug, um sich fühlbar zu machen und das Jahr in eine heiße und in eine kühlere Zeit zu scheiden; diese entspricht hinsichtlich der Gesamtwärme dem Sommer des südlichen Europas, während jene hinter der Hitze des aequatorialen Brasiliens nicht zurücksteht. Im Januar ergießen sich mächtige Solstitialregen über die Bucht (Santos 320 mm) und vom November bis zum April fallen die meisten Regen; die Sommerzeit ist zugleich die regenreiche Zeit. Da aber im trockeneren Winter südöstliche Winde vorherrschen und mit Wasserdampf beladen gegen die Küste wehen, so wird das Minimum an Niederschlägen durch die hohe Luftfeuchtigkeit mehr oder weniger ausgeglichen. Die Küste, in erster Linie das Beiramar, ist also ungeachtet der Jahreszeiten dauernd warm, feucht und tropisch.

Der Wärmehaushalt der Serra entspricht infolge der verhältnismäßig geringen Höhe des Gebirges im Ganzen dem des Beiramar. Die Serra empfängt aber zur Regenzeit bedeutend mehr Regen. Im Januar beträgt die Niederschlagshöhe in Alto da Serra nicht weniger als 460 mm. Während der niederschlagsärmeren Monate aber entladen die erwähnten auflandigen Winde ihre Feuchtigkeit an dem in Luv liegenden seewärts geneigten Gehänge. Deshalb ist die Serra das ganze Jahr hindurch mit reichlichem Regen gesegnet und nur während zweier Monate rückt die Niederschlagshöhe unter 200 mm hinab. Somit gehört dieser Küstenstrich zu den niederschlagsreichsten Gegenden des ganzen Kontinents; er übertrifft in dieser Hinsicht das regenreiche Gebiet des unteren Amazonas und wetteifert mit dem oberen Abschnitt dieses Strombeckens. Obwohl nur am Saume der Tropen liegend, hat die Serra ein echt tropisches Klima und dementsprechend eine echt tropische Pflanzenwelt. Wir werden später sehen, daß hier der Ausspruch Humboldts eine Bestätigung findet: „daß‘ wenn ein aus Europa angekommener Reisender zum ersten Male die Wälder Südamerikas betritt.... (er) bei jedem Schritte fühlt, daß er sich nicht an den Grenzen der heißen Zone befindet, sondern mitten darin“[1]).

Im Alto drückt die Höhenlage die Temperaturmittel herab, während das Vorherrschen weiter Hochflächen einem schroffen Gegensatze

[1]) Reise in die Äquinoktialgegenden, Cottasche Ausgabe I. 225.

zwischen Tag und Nacht, zwischen Sommer und Winter Vorschub leistet. Von jenem kann sich jeder Reisende rasch überzeugen: er verspürt die sommerliche Tageshitze nicht anders als in den T·open, bedarf aber abends und nachts des Schutzes gegen die empfindliche Kühle. Und die Tatsache, daß gelegentlich Fröste die Kaffoepflanzungen von São Paulo verheeren, lehrt, daß das Klima des Alto wenig mit dem tropischen gemein hat, daß die Temperaturverhältnisse eher gemäßigt zu nennen sind. Die Niederschlagsmenge ist bedeutend niedriger als die des Beiramar und der Serra, weil die zur Regenzeit vorherrschenden West- und Nordwinde über das verhältnismäßig trockene Binnenland streichen. São Paulo weist im Januar nur 269 mm Niederschlagshöhe auf. Die in der Trockenzeit wehenden Seewinde aber haben, wenn sie den Alto erreichen, ihre Feuchtigkeit bereits im Beiramar und besonders in der Serra entladen. Infolgedessen ist der Unterschied zwischen der Regenzeit und den regenärmeren Monaten viel ausgesprochener als bei den beiden anderen Landschaftsgliedern, die Regenverteilung weniger tropisch als subtropisch.

Der Boden des Beiramar, die sandigen Ablagerungen der Küstenströmungen, ist zu einem beträchtlichen Teile von einer schwärzlich verfärbten, tonigschlammigen Decke überzogen — den Absätzen der Flüsse, vermischt mit den Zersetzungsprodukten der sumpfigen Niederungspflanzenwelt. Er steht durchaus im Einklange mit der Entstehungsgeschichte des Küstenstriches, den Bewässerungsverhältnissen und den Gezeiten, weist aber in nichts auf das tropische Klima hin, wenn wir von den Berginseln absehen, die ja eigentlich landschaftsfremd und nichts als vorgeschobene Posten der Serra sind.

Die kahlen Inseln vor der Küste, einige Steilwände, Steinbrüche und die Bahntunnels in der Serra sind die einzigen, festes Gestein aufdeckenden Aufschlüsse in dem sonst ganz von Wald verhüllten Gebirge. Sie zeigen, daß der feste Untergrund hier, wie in der Gegend von Rio de Janeiro überall aus granit- und gneißartigem Gesteine besteht. Wo im übrigen der Boden des Pflanzenkleides beraubt ist, zeigt sich vom Fuße der Serra bis hinauf auf den Alto selten festes Gestein. An den Berginseln des Beiramar, in den Wegeeinschnitten und Rodungen der Serra und auf den spärlich bewachsenen oder unter Kultur genommenen Campos des Alto; überall ist tiefgründiger roter oder gelblicher, steinarmer lehmiger Verwitterungsboden zu beobachten, der wegen seiner Farbe, seiner großen Mächtigkeit und seiner vowriegend chemischen Zerstörung durchaus an die Eluvialböden der heißen Zone erinnert und in seiner Gesamterscheinung sehr von den Böden der gemäßigten Zone absticht. Für das Küstengebirge und die Berginseln im Beiramar ist das nicht verwunderlich, auf dem Alto dagegen steht der Boden zu dem heute herrschenden Klima in einem gewissen Gegensatze.

In der Serra do Mar nähert sich die Hauptwasserscheide des brasilianischen Hochlandes der Küste aufs äußerste; in keinem Teile des ganzen Erdteiles ist die Ungleichheit der Entwässerungssysteme so beträchtlich wie hier. Der Weg der südwärts zur Küste herabeilenden Flüsse beträgt nur eine geringe Anzahl von km, während die nach dem Alto abfließenden Wasserläufe bis zu ihrem Sammler, dem Paraná rund 1000 km und bis zu ihrem endgültigen Ziele, der La Platabucht, über 3000 km zurückzulegen haben. Dem entspricht auch das allgemeine Bild der Flüsse. Auf dem Alto sammeln sich die Entwässerer des Küstengebirges nach kurzem, wenig reißendem Laufe durch die niedrige Binnenböschung in Hochlandsflüssen an, deren Gefäll gering und großenteils an die fernen Stufen gebunden ist, die sie vor ihrem Übertreten aus dem brasilischen Berglande in das Paranátiefland in Fällen und Stromschnellen überwinden müssen. Die Küstenflüsse dagegen behalten auf ihren kurzen Wegen ihre Selbständigkeit, entfalten infolge des starken Gefälles eine kräftige Erosion und schneiden tiefe Täler oder Pässe in das Gebirge ein (Alto da Serra). Der Charakter ihrer Endabschnitte im Beiramar wurde bei der Besprechung dieses Landschaftsgürtels bereits kurz geschildert. Nunmehr haben wir einen Überblick über die Gliederung des Gebietes und über die großen geographischen Züge erhalten, welche die Landschaftsfolge Beiramar, Serra und Alto beherrschen. Wir finden in ihm gleichzeitig einen Wegweiser, nach welchem die nun folgende Schilderung der einzelnen Landschaften in ihren kleinen Zügen sich richten soll. Am vorgeschobenen Strande des Buchteinganges beginnend, folgen wir dem großen, zur Stadt Santos hinaufführenden Gezeitenmündungsarm, dringen durch den sumpfigen Bodden hindurch zum Fuße der Serra vor, wo wir in den Tälern aufsteigend den Alto erreichen. Hier ist die nächste größere Sammelrinne, der an der Stadt São Paulo vorbeifließende Tiété unser Ziel.

Landschaftsbilder.

Der Ausgangspunkt unserer Wanderung, die Palmeninsel (Abb. 1, Taf. 5) gehört der Hügelgruppe an, welche den östlichen Torpfeiler des Einganges zur Santosbucht bildet. Sie besteht aus weißem Granit, der von mehr oder weniger rechtwinklig angeordneten Spalten und Klüften durchsetzt ist. Diese Struktur ist im Küstengebirge und im brasilischen Berglande überhaupt sehr verbreitet und maßgebend für die Verwitterungsformen. Die rein mechanisch wirkende Brandung führt einen Zerfall des Gesteins zu einem groben Haufwerk ziemlich scharfkantiger, rechteckiger oder würfelförmiger Blöcke herbei. In den Gipfelregionen des Gebirges dagegen, wo auch die chemische Zersetzung mitwirkt, zerfällt der Granit in stark kantengerundete Blöcke, die gelegentlich einen an die Wackelsteine erinnernden Verband aufweisen. Beispiele hierfür bieten die Gipfel der Tijucaberge bei Rio de Janeiro. An den merkwürdigen Felskegeln am Eingange der Riobucht dagegen kommt diese feinere Gesteinsstruktur nicht zur Geltung, weil die Verwitterung und Abtragung den größeren durch den Gebirgsbau bedingten Klüften folgt.

Die sehr starke Brandung verhindert in ihrem Wirkungsbereiche die Ansammlung von erdigen Verwitterungsbestandteilen, schließt die Pflanzendecke völlig aus und schafft den schroffen Gegensatz zwischen einem wechselnd breiten, öden, steinigen Strande und der erde- und waldbedeckten Mitte, der diese Insel und die größeren der küstenferneren Inseln auszeichnet.

Die Leeseite der Insel und das gegenüberliegende Ufer sind mehr gegen die Brandung geschützt; daher zieht der Wald sich tiefer herunter oder steigt ganz bis zum Meeresspiegel hernieder. Einen ähnlichen, wiewohl weniger auffälligen Gegensatz weist die Tierwelt auf: die Zone der stärksten Brandung wird von den Tieren gemieden, am leewärtsgelegenen Ufer dagegen ist das Wasser so wenig bewegt, daß sich auf den Blöcken die Rasen zarter Korallen ohne Kalkgehäuse ansiedeln können.

Die festländische Küste zeigt das typische Bild des allgemein verbreiteten Urwaldes, in dem die Palmen so verstreut sind, daß sie im Waldbilde wenig hervortreten; das Inselchen dagegen ist von einem reinen Palmenbestande bedeckt.

Der Raum zwischen dem Festlande und der Palmeninsel bildet einen kleinen geschützten Hafen, die erste bequeme Landungsmöglichkeit bei der Einfahrt in die Santosbucht. Sie war von einer gewissen Bedeutung, als Santos noch nicht saniert und einer der Hauptherde des gelben Fiebers war. Damals diente die Insel den Schiffsbesatzungen der Hamburg-Südamerika-Linie zum Aufenthalte, während die nach Santos hinaufgeführten Schiffe von einheimischen, vom gelben Fieber weniger heimgesuchten Arbeitern gelöscht und geladen wurden. Aus dieser kaum zwei Jahrzehnte zurückliegenden Zeit stammt die kleine, jetzt zerfallende Siedlung, von der ein Teil im Bilde sichtbar ist.

Das Beiramar weist in der Richtung von der See zum Gebirge eine deutliche Gliederung auf. In der Nachbarschaft der Küste geben die Meeressande der Gegend das Gepräge, denen gegenüber die Flußlandschaft zurücktritt. Im inneren Teile, zwischen der Santosinsel und dem Fuße der Serra, im Gebiete der aufgestauten Flußerweiterungen tritt das marine Element dagegen in den Hintergrund. Die Stauung der Gewässer und ihr den Gezeiten entsprechendes Schwanken in horizontaler Richtung bedingen eine weitere Gliederung in eine mehr und in eine weniger sumpfige Zone. Sandfläche, Halbsumpf und Sumpf folgen aufeinander.

Die Seeseiten der Santos- und der östlich anstoßenden Insel (südlich des Bertiogaflusses) besitzen prachtvolle, z. T. sehr breite Sandstrände, die nur gelegentlich von einer Klippe unterbrochen werden. Diese den Seewinden zugänglichen, von stehenden brakigen Gewässern freien Landstriche gewähren den gesundesten und angenehmsten Aufenthalt im Beiramar; sie werden deshalb zum Land- und Badeaufenthalt und zum Korso benutzt. Strandwanderungen gewähren Einblicke in die im Vergleiche mit den außertropischen Küsten des Erdteils freilich spärliche Strandfauna, deren auffälligste Vertreter zahlreiche flache Seeigel von der Gattung Scutella sind. Die ursprüngliche Vegetation dieses Sandgurtels ist Wald, der dicht, aber meist sehr niedrig ist, nur hier und da von höheren Bäumen überragt wird und dem Bergwalde an Formenfülle und Größe nachsteht.

Der bogenförmig zur Stadt hinaufführende Gezeiten-Kanal bildet eine stromartige Rinne, die hinreichend tief ist, um großen Seeschiffen die Zufahrt und das Festmachen am Ufer zu ermöglichen. Sie ist beständig von Schiffen aller seefahrenden Nationen belebt, die von Santos den Kaffee vom Hochlande von São Paulo holen. Santos liegt auf sandigen Ablagerungen am Nordrande der Insel. Seine Ausläufer und Vorstädte erstrecken sich über die ganze Insel und haben den ursprünglich niedrigen Wald stark gelichtet. Der von Einzelsiedlungen besetzte Ostrand der Insel weist noch Waldreste auf, in denen Gruppen schirmakazienartiger Bäume auffallen. Stellenweise wird das Ufer auch von hohen Bambusdickichten gesäumt.

Wir gelangen nun in das halbsumpfige Gelände. Im Hintergrunde sieht man die nahe, bewaldete Küstenkette, und ihre vorgelagerten niedrigeren Parallelzüge. Das Beiramar selbst bildet hier eine unüber sichtliche Fläche, deren Boden feucht, doch noch hinreichend fest und gangbar ist. Die Vegetation setzt sich vorwiegend aus Gräsern zusammen und erinnert am meisten an unsere sumpfigen Wiesen und an Schwertliliendickichte. Nur sind die Bestände höher; die Gräser erreichen oft Manneshöhe und haben eine entsprechende Dicke. Solche Pflanzengemeinschaften, die auch für die zeitweilig überfluteten flachen Inseln und Uferstreifen der Ströme des tropischen Südamerika charakteristisch sind, führen in Brasilien den Namen Capim. Hier ist das Capim mit Buschwerk und einzelnen Bäumen untermischt, die sich durch eine übergroße Fülle von epiphytischen und parasitischen Gästen auszeichnen, deren Stämme oft ganz eingehüllt sind und von deren Geäst bartflechtenähnliche Tillandsien aufgehängten Lappen gleich herabhängen. Am Fuße der Berge ist das Capim an vielen Stellen beseitigt und in nutzbare Flächen, vor allem in Bananenpflanzungen übergeführt worden.

Die dem Wasser genäherten Striche haben einen schwarzen, schlammigen, sehr stark durchfeuchteten Boden. Hier gedeiht allein die Rhizophora Mangle; ihr von hellgrünem Laube wenig verhülltes Astwerk bildet weite hohe Gebüsche, die überall seichte Sumpfwasserlachen hindurchscheinen lassen. Die Mangrove ist natürlich durchaus ungangbar. Die Eisenbahn von Santos nach São Paulo quert sie auf einem aus Granitsteinen aufgeschütteten Damme, dem Standorte der vorliegenden Aufnahme (Abb. 2, Taf. 5). Der Gezeitenarm hat sich in gewundene, vom Buschwerke der Rhizophora Mangle eingefaßte Kanäle aufgezweigt. Auf ihren schwarzen, mit dem Wasserstande an Breite wechselnden Schlicksäumen hausen die einzigen auffallenden Bewohner — große bunte Erdkrabben, halb in Höhlungen versteckt, die ungleichen Scheeren zur Verteidigung gerüstet, doch bereit, sich bei der geringsten Störung zurückzuziehen. Überall tauchen junge, vereinzelte Rhizophorasprossen, den Vorposten eines Schilfgürtels gleich, über die Wasserfläche und verraten, daß der schwarze Schlick der Ränder sich als grundloser Boden unter das seichte Fahrwasser fortsetzt. Bei fallendem Wasser zeigen die Kanäle einige Strömung, bei steigendem scheinen sie zu stagnieren. Man befährt sie in flachgehenden Einbaumkanus, die leicht kentern und so empfindlich an die Unsicherheit des Grundes und der Ufer mahnen.

Die zahllosen, keinen einheitlichen Farbeneindruck hervorrufenden Blätter, ihr helles, leuchtendes, wohltuenden Schattens bares Grün, die grellen, gelben Blüten, die über das Gebüsch ausgeschüttet erscheinen, wirken auf das Auge verwirrend und lassen es nicht zur

Ruhe kommen, während der Geruch des Wassers und des fauligen Schlammes die Sinne zu betäuben droht. Die Gleichförmigkeit des Bildes wird durch die scheinbare Endlosigkeit der Wasserläufe und durch den Kontrast eines einzelnen über die Mangrove aufragenden Hügels gesteigert. Die tiefe Einsamkeit verleiht dem harmlosesten Anzeichen von Leben eine überwertige Bedeutung. Ein plötzliches Knacken im Gebüsch, vielleicht von einem Alligator herrührend, erscheint rätselhaft und unheimlich. Das mit der allein sichtbaren Spitze über die Mangrovewand langsam dahinziehende Segel eines fernen Kanus wirkt gespenstisch.

Den tiefsten Eindruck erhält man, wenn man sich in der brütenden Nachmittagshitze eines Sommertages bei Windstille vom schwachen Flutstrom hinauftreiben läßt. Man kommt nur unmerklich vorwärts und ist unfähig, das Ende der Fahrt zu beschleunigen. Eindringlich offenbart sich dann der Mangrovesumpf als großartige Landschaft des Tropengürtels.

Bisher hatten wir die Endabschnitte der Küstengewässer kennen gelernt, nunmehr verfolgen wir einen der aus dem Gebirge kommenden Tributäre der gemeinsamen Mündung, den bei Pilõse in der Serra do Cubatão entspringenden, unterhalb des Ortes Cubatão ins Beiramar eintretenden Bach. Die marinen Landschaftsbilder sind vollständig geschwunden; die rein festländische Strecke zerfällt in zwei wesentlich verschiedene Abschnitte. Der oberste (Abb. 3, Taf. 6) verläuft rechtwinklig zum Streichen der Kette, der auf ihn folgende, der eigentliche Mittellauf, zieht parallel zur Hauptkette und wird auf der Südseite von einer niedrigeren gleichstreichenden Nebenkette begleitet; der Oberlauf ist ein Abdachungsfluß, der Mittellauf wird durch den Gebirgsbau vorgeschrieben. Jener fließt in einem rasch fallenden, schmalsohligen V-förmigen Erosionstale, dieser zieht mit geringem Gefälle über die breite, ebene Sohle eines tektonischen Tales. Der Gebirgsbach wälzt, rasch erodierend, große Granitblöcke abwärts, der Tieflandfluß schüttet in seinem seichten Bette feinen oft in Bänken den Spiegel überragenden Kies auf. Die auffallend geringe Wasserführung des Oberlaufes hängt mit den Umstande zusammen, daß das Quellgebiet der Wasserversorgung der Stadt Santos dienstbar gemacht ist.

Die Ufer des Oberlaufes werden von typischem Bergwalde eingefaßt. Man sieht im Bilde links Baumfarne, dahinter die hellen Stämme einiger großlaubiger Cecropien. Der Hintergrund gibt eine gute Vorstellung von dem eigentümlichen Laubdach des tropischen Bergwaldes, welches aus dichtgedrängten, verschieden hohen, ineinander und stockwerkartig übereinander greifenden, klein- und vorwiegend fiederblättrigen Kronen besteht, und von oben gesehen, den Eindruck eines zusammenhängenden weichen Laubfilzes macht, aus dem — im Gegensatze zu den Wäldern gemäßigter Breiten — hier und dort ein Baumindividuum durch Besonderheiten der Form, der Farbe oder des Glanzes seines Laubes oder durch Blütenschmuck sich abhebt.

Im Mittellaufe ist das niedrige Steilufer galerieartig von Buschwerk gesäumt. Die Talaue zeigt hier und da Büsche und einzelne Bäume — Reste der ursprünglichen Pflanzendecke, die ähnliche Bilder wie der niedrige Wald des Beiramar und wie des Capim aufgewiesen haben mag. Heute wird die Talaue in großer Ausdehnung von Kulturflächen, in erster Linie von Bananenpflanzungen eingenommen.

Das Küstengebirge ist noch heute so gut wie ganz von Wald bedeckt. Von den Wäldern, Halbsümpfen und Sümpfen des Beiramar bis zu den Campos des Alto zieht sich über die Hänge und Gipfel des Gebirges ein zusammenhängendes Waldkleid, das nur selten durch eine kahle Felswand unterbrochen wird. Das ist der Mato virgem, der jungfräuliche Wald, meist schlechthin Mato, vielfach auch Sertão, die kulturlose, unbesiedelte Einöde, genannt. Von der dichten Bewaldung gibt der Hang der Abb. 4 Taf. 6 einen kleinen Begriff. Auch die jenseits des Tales aufsteigende Bergwand ist über und über mit Wald bedeckt. Im Vordergrunde dieser Aufnahme sieht man einige charakteristische Waldbildner: eine Palme, hohe Bäume mit der dichten Belaubung, wie sie den Angehörigen der Leguminosen eigen sind, dichtlaubige Kronen und dichtes Gebüsch, einige weißstämmige Cecropien mit kandelaberartigen Geäst und dünner Belaubung, die an die unserer Roßkastanien erinnert, sich vor ihr aber durch die riesige Größe und die Silberfarbe des Blattes auszeichnet. Diese in ganz Brasilien am Rande der Tropenzone bis in die äquatorialen Wälder des Amazonas sehr gemeine und aufffällige Pflanze ist unter dem einheimischen Namen Embauba bekannt und als Standort der Faultiere von besonderem Interesse. Neben dem Exemplar sieht man einen Vertreter der Musazeen.

Auf engem Raume stehen ganz verschiedenartige Gewächse beisammen und veranschaulichen damit ein Hauptmerkmal der tropischen Wälder, das Zurücktreten reiner Bestände gegenüber starker Durchmischung. Damit steht im Zusammenhang, daß die einzelnen Formen mehr oder weniger weite Abstände halten, daß die einzelne Spezies im Walde mitunter als selten bezeichnet werden kann.

Aus der Vielheit der Formen ergibt sich eine zweite Eigentümlichkeit, der unregelmäßige Umriß des Laubdaches, der die tropischen Wälder der Berge und der Ebene auszeichnet. Einförmige, geradlinig begrenzte Waldkulissen, bei uns die Regel, sind den Tropen Südamerikas fremd, selbst im flachen Gelände der Hylaea.

Ferner zeigt das angeführte Beispiel ein unseren Wäldern im allgemeinen fremdes Zusammendrängen der Individuen auf engem Raume. Es ist eine unmittelbare Folge einmal der durch das günstige Klima bedingten Förderung der Wachstumskraft, zweitens der bedeutenden Mächtigkeit des tropischen Verwitterungsbodens und seines hohen Nährstoffgehaltes. Von der im Vergleich zur gemäßigten Zone überaus großen Wachstumskraft der tropischen Flora bekommt man einen Begriff, wenn man die Erträge der brasilianischen Pflanzungen mit denen der Kulturflächen gleicher Größe bei uns vergleicht. Sinnfällig und meßbar wird sie veranschaulicht an den in Gärten gepflanzten Waldbäumen, zum Beispiel den Bombazeen, die nach einem Jahrzehnt zu Baumriesen heranwachsen, desgleichen in den öffentlichen Anlagen der Städte, die oft schon den alten Parken Europas gleichen, wenn der junge Stadtteil noch in den Kinderschuhen teckt.

Aus der Mannigfaltigkeit der Formen und der großen Dichte des Waldes leitet sich der besprochene Habitus des Kronendaches ab.

Die Dichte des Waldes wird gesteigert durch eine starke Durchmengung der Bäume mit einer niedrigeren Pflanzenwelt, die bis zu verschiedener Höhe emporwächst und dem Walde den Stockwerkaufbau verleiht, der als charakteristisch für die tropischen Wälder angesehen wird. Er ist auch in den meisten Fällen zu beobachten, fehlt jedoch bisweilen aus naheliegender Ursache. So z. B. im Amazonasbecken dort, wo die bewaldeten Ränder der Terra firma zeitweise unter Wasser gesetzt werden. Von besonderer Wichtigkeit scheint aber vor allem die Neigung des Bodens und die durch sie bedingte Zufuhr an Sonnenlicht zu sein: auf ebenem Gelände berühren sich die Kronen der Bäume und gestatten dem Lichte in einem geringeren Maße den Zutritt als in einem Gehängewald, wo die Kronen gestaffelt sich übereinander ausbreiten und durch mehr oder weniger laubfreie oder doch laubärmere Räume getrennt sind. In der Ebene verschmelzen die Kronen der Bäume gelegentlich zu einem so dichten, gemeinsamen Laubdach, daß viel zu spärliches Licht eindringt, als daß sich ein niedriges Pflanzenstockwerk ausbilden könnte. Die Stämme erscheinen daher wie Säulen einer Halle und man geht über pflanzenarmes, bis weilen über kahles Erdreich. Dies ist im Bergwald nie der Fall; er ist stets dicht und seine Durchquerung ist meist mit größeren Unbequemlichkeiten verbunden als die des Waldes der Ebene.

Durch das enge Zusammendrängen der Pflanzen vermindert sich der zur Ernährung des Einzelindividuums verfügbare Bodenraum. Dies ist ein Grund, weshalb die Bergwälder ärmer an Baumriesen sind als die Wälder der Ebene. In der Hylaea erregt die Wuchshöhe der Bäume oft Erstaunen, die brasilianischen Bergwälder dagegen übertreffen in dieser Hinsicht unsere Wälder kaum, ja sie bleiben oft hinter ihnen zurück. Giganten wie die bis 60 m hohe Bertholletia der Amazonaswälder sucht man hier vergebens. Zu einem anderen Teile mag das Zurücktreten mächtiger Bäume aber auch mit dem Boden des Standortes in Zusammenhang stehen, mit der Neigung des Gehänges und der plastischen, den Eintritt des Erdfließens begünstigenden Beschaffenheit der tiefgründigen, reichlich benetzten Verwitterungserde. Beide Momente vereinigt bewirken, daß das Gleichgewicht der Bäume im Bergwalde ein viel labileres ist als das am gleichen Standorte unter gemäßigtem Klima. Wir sehen daher in der Serra Bäume, die vor ihrem natürlichen Tode umgesunken sind mit ihren aufrecht gestellten radförmigen Wurzelscheiben den Grund emporheben, viel häufiger als in unseren und in den Wäldern der Hylaea.

Die absterbende, niedrige Vegetation und die fallenden Stämme erhöhen den Boden des Waldes, verzögern infolge ihrer schwammartigen Struktur den Abfluß der Niederschläge, führen dem Boden reichlich neue Nährstoffe zu, ermöglichen einen raschen Nachwuchs und fördern die Unwegsamkeit des Waldes.

Der gesunkene Stamm, den oft ein noch stehender im Falle aufgehalten hat, ist von einem dichten Kleide kleinerer Pflanzen bedeckt, unter denen schopfförmige Gewächse vom Aussehen der Ananasfrucht auffallen, in der Hauptsache Bromeliazeen, die auf die tropischen Wälder Amerikas beschränkt und die sicherste Leitform gegenüber denen der alten Welt sind. Für Brasilien sind sie so charakteristisch wie die Nepenthen für die tropischen Wälder von Insulinde. Als typische Epiphyten müssen ferner die zahlreichen Orchideen angeführt werden. Auch große, einfach genervte, glatte Blattpflanzen, die bisweilen Mannesgröße erreichen, bilden einen wichtigen Bestandteil des unteren Pflanzenstockwerkes. Es ist klar, daß die Gewalt der tropischen Regen durch die vielen im Wege stehenden Blätter gemildert wird, daß die zahllosen Winkel zwischen den Blattspreiten erhebliche Mengen von Wasser auffangen, daß also neben dem aufsaugenden zersetzten Detritus der absterbenden Pflanzen auch das Laubwerk den Abfluß der Niederschläge verzögert und eine länger anhaltende Befeuchtung des Waldes nach sich zieht.

Ein zweites Merkmal des tropischen Waldes sind die Luftwurzeln bildenden Pflanzen. Wir sehen die Luftwurzeln in großer Zahl von den Ästen nach dem Boden streben; bald hängen sie wie ein dünner, im Wind bewegter Faden von Bleistiftstärke und heller Farbe bis zu wechselnder Tiefe herab, bald schlagen sie mit zarten Fädchen in dem eben erreichten Boden Wurzeln. In dem Maße, als sie festwurzeln, nehmen sie an Dicke zu, verholzen und wachsen endlich unter Aufgabe ihrer Geradlinigkeit und Schlankheit zu knorrigen Stützpfeilern aus, die dem Stamme einen Teil seiner Last abnehmen, die statische Ungunst der Unterlage aufzuheben streben und den Baum zu weiterer Entwicklung seiner Krone befähigen.

Die Dichte des Urwaldes und seine im Ganzen geringe Lichtzufuhr nötigen jeden Organismus, dem das Dunkel der tieferen Abschnitte zum Dasein nicht genügt, in die höheren, lichteren Regionen der Kronen emporzustreben. Der Stockwerkaufbau ist ganz allgemein ein Ausdruck dieses Strebens zum Lichte. Auch der Standort der Epiphyten und das Aussenden von Luftwurzeln kennzeichnen das Bestreben, sich vom Boden unabhängig zu machen. Der nächstliegende Weg zur Erreichung dieses Zieles ist aber das Ranken und Klettern, ein Mittel, welches der Pflanzenwelt der gemäßigten Zone durchaus nicht fremd ist, das aber allein in den Tropen zu einem hervorragenden Elemente des Vegetationsbildes entwickelt ist und in den engräumigen Bergwäldern Brasiliens Höchstleistungen aufzuweisen hat. In der Tier- und in der Pflanzenwelt des bewaldeten Südamerika ist das Klettern vielleicht die ausgeprägteste biologische Erscheinung. In dieser wie in jener haben sich Formen dieses Hilfsmittel zu eigen gemacht, das ihnen unter anderen Standortsbedingungen völlig fremd ist, unter den Pflanzen z. B. Palmen. Was die Pflanzen anlangt, so fassen wir diese aus ganz verschiedenen Formen zusammengesetzte, physiologisch aber gleichartige Gruppe der Kletterer unter dem Namen Lianen zusammen, der Brasilianer spricht von Sipó. Die Lianen umschlingen die Stämme in dünnen Ranken, saugen sich mit feinen Wurzeln in der Rinde fest, schwellen dann an und verholzen, vereinigen ihre Windungen und verschmelzen so endlich zu einem flächenhaft ausgedehnten Mantel, durch dessen spärliche Fenster der Stamm noch hervorschaut. Legt sich die verholzende Liane mittleren Alters wie eine Boa fest um den Stamm, so schnürt sie in vorgerückteren Stadien den Baum mit eisernem Panzer ein, führt seinen Tod herbei und lebt selbständig weiter, wenn sie nicht, der Stütze beraubt, an den Folgen ihrer rücksichtslosen Unterdrückung zu Grunde geht. Diese höchste Steigerung des Lianenwachstums, für das der Brasilianer den treffenden Namen Sipó matador, Mörderliane geprägt hat, ist zugleich das wirkungsvollste Sinnbild für den harten Kampf um Raum und Licht, der sich beständig im engräumigen Tropenwalde abspielt.

Ein freundlicheres Bild als die Lianen gewähren die dichtlaubigen Schlingpflanzen, welche die Stämme mit einem Blätterkleide oft bis zur völligen Unsichtbarkeit einhüllen und sich guirlandenartig durch das Geäst schlingen. Ihre auffälligsten und bekanntesten Vertreter sind die bei uns gern gehaltenen Philodendren mit ihren großen, vielfach durchbrochenen Blättern.

Hier ist ein Wort über die so oft gemachte Erfahrung am Platze, daß der erste Besuch des tropischen Waldes selten Genuß gewährt. So groß die Befriedigung auch sein mag, die Wunder der tropischen Pflanzenwelt zum erstenmale in freier Natur zu erblicken, so verwirrend und überwältigend muß das Gesamtbild auf das Auge des nur an den Anblick europäischer Wälder gewöhnten Reisenden wirken. Er sieht eine ungeahnte Vielheit von Arten und Formen verschiedenster Gestalt und verschiedenster Lebensansprüche auf engstem Raume zusammengedrängt und in enger Lebensgemeinschaft, er sieht, wie sie mit den verschiedenartigsten Mitteln einander zu überbieten und zu unterdrücken suchen, sieht die größte Rücksichtslosigkeit im Kampfe ums Dasein, die abgestuften Unterschiede, und die denkbar größten Gegensätze in der Erreichung des Zieles und bemerkt, wie sich dieser Kampf ohne Unterbrechung, gleichmäßig das ganze Jahr hindurch mit Hast abspielt, wie den Äußerungen gesteigerter Lebenskraft auch zahlreiche Zeichen des Todes, des Todes gerade der Größten, entsprechen und er empfindet, daß Werden und Vergehen sich in einer kurzen Zeitspanne abspielen. Unwillkürlich steigt vor ihm das ruhige Bild der einförmigen Wälder Europas auf, denen der hastende Wettbewerb fremd ist, wo eine beschränkte Anzahl kleiner Formen im Schatten eines oder weniger alleinherrschender Großen ein friedliches Dasein führt, wo das Leben der Bäume sich über eine dem Einzelnen ewig erscheinende Zeitspanne ausdehnt, während das Vergehen und die Erneuerung der kleinen Vegetation sich unter dem Bilde gesetzmäßiger Ruhe vollzieht. Den Schilderungen der tropischen Wälder fehlt denn auch selten ein Vergleich mit den Wäldern der Heimat und ein Hinweis auf ihre tiefere und beruhigende Wirkung auf das menschliche Gemüt.

In der Umgebung von Santos läßt sich eine geographisch bemerkenswerte Veränderung des Vegetationsbildes mit Zunahme der Seehöhe nicht deutlich feststellen. Die höchsten Gipfel im weiteren Bereiche des Küstengebirges weisen jedoch eine deutliche Scheidung in eine tiefere und eine höhere Region auf. Schon ein flüchtiger Vergleich der Regionen um 900 und 1000 m Höhe mit den tieferen Walde lehrt, daß hier von der Formenfülle, der Üppigkeit des Wachstums und der Dichte des Bestandes keine Rede mehr ist. Die Palmen sind so gut wie verschwunden, die Epiphyten treten zurück, einsame Bromelien zeigen sich erst nach längeren Suchen. Der ganze Wald erscheint ärmlicher und nähert sich in seiner Einförmigkeit mehr denen außertropischer Gegenden. Nur eine in den unteren Lagen fehlende oder doch seltenere typische Form mehrt sich in dem Maße als man bergan steigt — der Baumfarn. Die Baumfarne, Gewächse des subtropischen Klimas, sind die Leitpflanzen der oberen Regionen des tropischen Bergwaldes. Auch bei Santos läßt sich eine entschiedene Zunahme dieser Pflanzen mit zunehmender Höhe feststellen. Während sie in den unteren Hangabschnitten des Pilõestales und bei Piassagueira fast ganz fehlen, bilden sie bei Alto da Serra stellenweise reine Bestände.

Überall weist der Wald einen schroffen Gegensatz zwischen Hell und Dunkel, eine im Vergleiche zu unseren Wäldern sehr ungleichmäßige Beleuchtung auf. Bei gleicher Sonnenbestrahlung hängt die im Walde herrschende Lichtfülle, wie schon angedeutet wurde, in erster Linie von den Zugangsmöglichkeiten für das Licht im Kronendache ab.

Groß- und dickblättrige Kronen verwehren dem Lichte den Zutritt und rufen Dunkelheit hervor, zartes fiederblättriges Laub gestattet den Strahlen den Eintritt nicht nur durch die zahlreichen kleinen Lücken, sondern auch durch die lichtdurchlässigen Blätter selbst; es entsteht ein mildes diffuses Licht, ein „Helldunkel". Man kann sich hiervon überzeugen, wenn man z. B. die Lichtverhältnisse in einer alten Kakaopflanzung mit denen vergleicht, die unter den Kronen von Bäumen aus der Klasse der Leguminosen herrschen. Auch die Baumfarne sind lichtdurchlässig. Je nach dem Vorherrschen von Bäumen der einen oder der anderen Art wechseln also die Beleuchtungsverhältnisse von Ort zu Ort. In zweiter Linie kommt die Neigung des Bodens in Betracht. Im ebenen Gelände, wo die Kronen sich berühren und zu einem gemeinsamen Laubdach verschmelzen, dringt, wie schon erwähnt wurde, weniger Licht ein als im Bergwalde, dessen gestaffelte Kronen durch laubfreie Zwischenräume getrennt sind.

Abgesehen von den Zugangsmöglichkeiten hängt aber die Lichtverteilung unterhalb der Kronen auch von der Beschaffenheit der Blätter in den unteren Stockwerken ab. Die zwischen den Stämmen wachsenden großblättrigen Stauden, die Philodendren, die Bromelien und zahlreiche andere Epyphyten besitzen lederartige, glänzende Blätter, die das Licht reflektieren und so zu sekundären Lichtquellen werden, welche die im Schatten liegenden Stellen z. T. hell erleuchten. Die so entstehenden, in den verschiedenen Waldbildern sichtbaren Schlaglichter, die mit Flecken tiefsten Schattens wechseln, beunruhigen das Auge stark und haben so einen physiologisch bedingten Anteil an der besprochenen psychologisch unbefriedigenden Wirkung des Waldbildes.

Das örtlich und regional wechselnde Vorherrschen der verschiedenen Bedingungen für den Gang der Lichtstrahlen erklärt die vielfach auseinanderlaufenden Angaben der Reisebeschreibungen über die Beleuchtung im tropischen Walde, in denen bald tiefes Dunkel, bald „Helldunkel", bald der Gegensatz von Licht und Schatten hervorgehoben wird. Es ist eben nicht möglich, auf die Beobachtungen aus e i n e r Region eine Charakteristik der Lichtverhältnisse d e s tropischen Urwaldes aufzubauen.

Im Bereich der spärlichen Siedlungen bei Alto da Serra sind Bäume und Unterholz entfernt, nur niedriges Kraut und Buschwerk bedeckt noch den Boden, der an vielen Stellen zu Tage liegt. Er besteht aus gelblich-rotem Lehm, der in größeren Aufschlüssen an der Basis eine mehr grusige Beschaffenheit zeigt, die durch die Beimengung großer, halbzersetzter Feldspatkristalle hervorgerufen wird. Darunter folgt, eingeleitet durch eine Rinde mechanisch zerstörten Gesteins der unzersetzte Granit. Der Lehm ist im allgemeinen frei von Gesteinstrümmern, nahe Alto da Serra hat aber eine Rodung einen mächtigen Quarzgang freigelegt, der mechanisch zerstört und in ein blockmeerartiges Haufwerk aufgelöst ist und dessen weiße Farbe sich merkwürdig in der Landschaft abhebt.

Bei Regen ist der Boden gründlich durchweicht und in einem plastischen, fließfähigen Zustande. Überall, wo bloßer Boden ein Gehänge bildet, kann man sich von den Erdfließbewegungen überzeugen, die bei der Abtragung und Gestaltung dieser Berge eine große Rolle spielen und die die überaus große Mächtigkeit der Bedeckung des Granits und die Seltenheit seines Anstehens verursachen.

Mit der Abb. 5, Taf. 7 verlassen wir die Serra und treten in den Alto, in das Hochland von São Paulo über. Eine der sanften Bodenwellen, welche die ausgedehnten Flächen des Hochlandes unterbrechen, ist beim Bau der Eisenbahn von Santos nach São Paulo durchschnitten worden Sie zeigt folgenden Querschnitt: die Steilwand besteht in der Hauptsache aus dem tiefroten, zähem Lehm, der in großer Ausdehnung auch auf den Campos des Alto ansteht und z. B. dem Felde von Ipiranga nahe der Stadt São Paulo das Gepräge gibt. In diesem Lehme schwimmen große rundliche Blöcke völlig unzersetzten weißen Granites. Der Lehm gleicht an Beschaffenheit und Mächtigkeit vollständig dem in der Serra, der gelegentlich auch dieselbe Farbe aufweist. Mit diesen Eigenschaften unterscheidet er sich erheblich von der braunen, selbst am Gehänge viel geringer mächtigen Verwitterungserde des Granites in feuchten Ländern unter gemäßigten Breiten, weist durch seine Farbe auf seine Zugehörigkeit zu den Lateritböden hin und bietet so ein Beispiel echt tropischer Verwitterung.

Da, wie früher erwähnt wurde und später an Beispielen zu zeigen sein wird, der gesamte Landschaftscharakter des Hochlandes von São Paulo das Gepräge der Subtropen oder gemäßigten Zone aufweist, taucht die Frage auf, ob dieser Verwitterungsboden unter den heute herrschenden Zuständen noch gebildet wird, oder ob er das Ergebnis vergangener unter anderen klimatischen Verhältnissen wirkamer Verwitterung ist?

Bei der Seltenheit des Anstehens von festem Gestein und der Bequemlichkeit der Fortschaffung durch die Bahn lohnt sich die Ausbeutung dieses Granitvorkommens. Sie wird von italienischen Arbeitern bewerkstelligt, die in dieser Gegend in Dörfern vollständig italienischen Gepräges angesiedelt sind.

Der Übertritt aus der Serra in den Alto ist von einem ebenso schroffen Landschaftswechsel begleitet, wie der aus dem Beiramar in die Serra. Man tritt aus der Enge und dem Dunkel des Waldes heraus in die weite flachwellige Hochebene. Der vorher stets durch Nächstliegendes gefesselte Blick schweift jetzt frei über das Gelände, das am fernen Horizonte durch den niedrigen Höhenzug des Cantareiragebirges, einer Parallelkette der Serra do Mar, begrenzt wird.

Die zusammenhängende Walddecke wird abgelöst durch Flächen niedriger Vegetation, die Campos, in die aber Waldinseln wechselnder Größe — Capões — eingestreut sind. Diese Pflanzengemeinschaften finden sich vergesellschaftet mit örtlichen Unterschieden der Ausbildung und der Zusammensetzung in verschiedenen Gegenden der brasilianischen Tropen, besonders dort, wo die Regenverteilung größere Ungleichmäßigkeiten aufweist wie im nördlichen Teile des brasilianischen Berglandes. Sie gewähren also an sich einen für die Tropenzone nicht ungewöhnlichen Anblick.

Betrachten wir nun aber die Bestände etwas näher. Die Abb. 7, Taf. 8 gibt die Gesamtansicht, die Abb. 8, Taf. 8 den Rand einer Waldinsel im Graslande wieder. Hier zeigt sich, daß es sich nicht um Hochwald handelt wie in der Serra, sondern um niedrigere, dürftigere Bestände, die eher den Namen Busch als den des Waldes verdienen. Die Formen sind zwar noch die gleichen wie in den Bergwäldern, aber sie sind viel weniger kräftig entwickelt; auch der Reichtum an Epiphyten hat stark nachgelassen. So weist die Ausbildung des Waldes hier oben auf dem Alto, verglichen mit dem echt tropischen in der Serra, doch darauf hin, daß wir uns hier an der Grenze des Gürtels der tropischen Wälder befinden.

Im Vordergrunde beider Bilder sehen wir Ausschnitte der Campovegetation. Sie unterscheidet sich erheblich von der der Capims, der hohen und üppigen Grasflächen des Beiramar und sie gleicht mehr denen außertropischer Gebiete. Der Bestand in der Abb. 8 erinnert an die Pampasgräser, die südlich der La Platamündung der Pflanzendecke den Stempel geben, die sich aber auch nordwärts über Uruguay und das südliche Brasilien ausdehnen. Wir befinden uns hier im äquatorialen Grenzsaume und im Vorpostengebiete dieser dem subtropischen und gemäßigten Klima angehörigen Pflanzengemeinschaft. Dies kennzeichnen im besonderen die zahlreichen Bromelien, die den Gräsern beigemengt sind (Abb. 7). Dieselben Formen, die in den Kronen des Bergwaldes der Serra eine so große Rolle spielen, sind von ihren hohen Standorten herabgestiegen und haben, indem sie im Boden wurzeln, sich einer ungewohnten und fremdartigen Umgebung angepaßt.

Zwischen die Inseln des tropischen Waldes, die Capões mischen sich zahlreiche Bestände von Araukarien, der Hauptleitform des großen, den tropischen Waldgürtel im Süden begrenzenden subtropischen Florengebietes. Die Araukarie bildet im südlichsten Brasilien große Wälder, hier aber nur noch kleine, lichte Bestände; noch weiter äquatorialwärts ist sie nur in einzelnen Exemplaren anzutreffen. Die so sehr charakteristischen, durch Höhe, Lichtheit und Kronenform ausgezeichneten Haine auf dem Alto verhalten sich zu den großen Waldungen im Süden genau so wie die Capões zu der zusammenhängenden Walddecke des Küstengebirges. So deutet die Pflanzenwelt nicht nur in ihrer Formation, sondern auch durch ihre Zusammensetzung auf den Grenz- und Übergangscharakter des Alto hin.

Wenn der Brasilianer die Araukarie als „Pinie" bezeichnet, so weist er damit nicht nur auf die Ähnlichkiet beider Bäume, sondern, wenn vielleicht auch unbewußt, auf die Ähnlichkeit zweier Landschaftsgebiete hin. Bei dem Dorfe Rio Grande (Abb. 6, Taf. 7) sieht man tropische Palmen und subtropische Araukarien in nächster Nachbarschaft wachsen. Unwillkürlich wird man an die Länder des südlichen Europas erinnert, wo die Pinien mit den afrikanischen Dattel- und Chamaeropspalmen in erster Linie der Landschaft ihr Gepräge verleihen.

Aber auch abgesehen von diesen und anderen Ähnlichkeiten der Vegetation, weist die Landschaft des Alto manchen mediterranen Zug auf. Der Ort Rio Grande trägt seinen Namen scheinbar mit Unrecht, denn das tiefe und weite Flußtal, dessen Ufer er krönt, ist zur Zeit vollkommen leer. Die über die Sohle ausgebreiteten Sandmassen lehren aber, daß zeitweilig betrachtliche Wassermengen talabwärts eilen, daß die Wasserführung äußersten Schwankungen ausgesetzt ist wie in den Fiumaren unseres Mittelmeergebietes, eine Erscheinung, die nach den Bemerkungen über das Klima des Alto nicht verwunderlich ist.

Dorthin versetzen uns auch die Siedlungen, für deren Bauart südeuropäische Ortschaften maßgeblich gewesen sind; vor allem die schon erwähnten italienischen Orte, die auch im kleinen die Eigentümlichkeiten ihrer Heimat stark zur Schau tragen.

Die weite Fläche des Alto wird bei der Stadt São Paulo durch das Tal des Tiété unterbrochen, des Sammlers der landeinwärtsfließenden Gewässer des Küstengebirges. Die Hochebene bricht mit einem hohen Steilrande ab, den kurze Gehängetäler zerschneiden und gliedern. Oben, auf hohem Talrande liegt der Kern der Stadt, deren neuere Teile sich im Tale ausdehnen; beide sind verbunden durch steilfallende, den Kerbtälern folgende Straßenzüge. Vom Rande der Oberstadt blickt man über ein 3 bis 4 km breites Tal, dessen Gegengehänge ebenso steil ansteigt und von dem Höhenzuge der Cantareira überragt wird.

In dieser an unsere Urstromtäler erinnernden, weiten Niederung sucht man vergebens nach einem entsprechenden Strome. Der Tiété bildet eine nur etwa 25 bis 30 m breite, mehrere Meter tief eingeschnittene Rinne. Er unterspült seine steilen Uferwände und bringt sie hier und da zum Absturz. Doch beweist die Bebauung des Ufergeländes und großer Teile der Talniederung, daß man größere Wanderungen des Flußbettes und eine Überschwemmung des Tales nicht zu befürchten braucht. Aus diesem Grunde darf man annehmen, daß der Tiété, wenn er auch wahrnehmbare Änderungen seines Laufes hervorzubringen vermag, doch unfähig ist, auf die Ausgestaltung des Tales erheblichen Einfluß auszuüben. Wir können daher im Tale des Tiété zwei Erosionsphasen unterscheiden; eine jüngere, die das heutige, verhältnismäßig wenig veränderliche Bett und eine ältere, die das breite Tal zwischen São Paulo und der Cantareira geschaffen hat. Dieses kann nur die Folge eines ungleich wasserreicheren, kräftiger erodirenden Flusses sein, der wiederum größere Niederschlagsmengen voraussetzt, als sie heute vorliegen. Dem Gegensatze zwischen der Bodenbeschaffenheit des Alto und dem heutigen Klima schließt sich also ein zweiter an, der zwischen Talhohlform und Wasserführung. Es liegt daher die Annahme nahe, daß wesentliche Züge im Landschaftsbilde des Alto in eine vergangene Periode, die ein anderes Klima und vor allem stärkere Niederschläge aufwies, vielleicht in die Pluvialzeit zurückreichen, und daß die vom heutigen Klima abhängigen gestaltenden Kräfte dieses alte Landschaftsbild nur wenig verändert haben.

Abb. 1. Palmeninsel am Eingange der Santosbucht
Im Bereiche der Brandung kahler zerklüfteter Granit.

Abb. 2. Gezeitenkanal im Mangrovegürtel.

Verlag: L. Friederichsen & Co., Hamburg. Lichtdruck von Knackstedt & Co., Hamburg.

Abb. 3. Oberlauf des Pilõesbaches. Links Baumfarne.

Abb. 4 Waldhang bei Piassagueira.
In der Mitte Cecropien und eine Musa.

Verlag: L. Friederichsen & Co., Hamburg. Lichtdruck von Knackstedt & Co., Hamburg.

Abb. 5. Steinbruch bei Riberäon Pires auf dem Hochlande von São Paulo. Kugelige Massen weissen Granites schwimmen in rotem lateritischen Lehme.

Abb. 6. Rio Grande. Eine zur Zeit wasserlose Fiumare. Links eine Araukarie, rechts Palmen.

Verlag: L. Friederichsen & Co., Hamburg. Lichtdruck von Knackstedt & Co., Hamburg.

Abb. 7. Waldinsel auf dem Hochlande von São Paulo.
Im Vordergrunde Bromelien zwischen Gräsern.

Abb. 8. Rand einer Waldinsel. Auf den Bäumen epiphytische Bromelien.
Im Vordergrunde Pampasvegetation.

Verlag: L. Friederichsen & Co., Hamburg. Lichtdruck von Knackstedt & Co., Hamburg